大器『浆』成——

一张通作柞榛方桌的解析

王金祥 著

苏州大学出版社
Soochow University Press

图书在版编目(CIP)数据

大器"婉"成：一张通作柞榛方桌的解析/王金祥
著. —苏州：苏州大学出版社，2020.1
ISBN 978-7-5672-2960-0

Ⅰ.①大… Ⅱ.①王… Ⅲ.①木家具－研究－中国
Ⅳ.①TS666.2

中国版本图书馆 CIP 数据核字(2019)第 222128 号

书　　　名	大器"婉"成 —— 一张通作柞榛方桌的解析
著　　　者	王金祥
策 划 编 辑	刘一霖
责 任 编 辑	刘一霖
装 帧 设 计	杨长国
出 版 发 行	苏州大学出版社(Soochow University Press)
出 品 人	盛惠良
社　　　址	苏州市十梓街 1 号
邮　　　编	215006
印　　　刷	南通蓝鸟彩印有限公司
网　　　址	www.sudapress.com
销 售 热 线	0512-67481020
开　　　本	889 mm×1 194 mm　1/16　印张：16.5　字数：144 千
版　　　次	2020 年 1 月第 1 版
印　　　次	2020 年 1 月第 1 次印刷
书　　　号	ISBN 978-7-5672-2960-0
定　　　价	380.00 元

　　王金祥，1963 年 4 月生，江苏南通人；高级工艺美术师，中国通作家具研究中心主任，南通通作家具博物馆馆长；2019 年"全国五一劳动奖章"获得者；中国民间文艺家协会会员，南通市民间文艺家协会副主席，南通市工艺美术行业协会副会长；江苏省工艺美术名人，江苏省非物质文化遗产（通作家具制作技艺）代表性传承人，江苏省乡土人才"三带"名人，江苏省企业首席技师。

　　1979 年高中毕业后王金祥即拜师学艺，久经历练，掌握了各种木工技艺。长期以来坚持用传统工艺制器，并根据木材的天然纹理"因材施艺"。尤精于榫卯制作技艺，制作的家具造型简练、线条挺括、雕刻精细、做工精良、打磨光亮。作品无论是在流畅、简约的线条上，还是在和谐、适宜的比例上，抑或是在合理、完美的尺度上，以及造型的空与实、方与圆的对比、穿插上都完美诠释并传承了通作家具制作技艺的精髓。自从 2013 年作品《通作老红木茶台配一字椅》获第三届中国东方工艺美术之都博览会金奖后，王金祥年年有新作，年年获大奖。2016 年，作品《现代创意八件套》获第三届江苏省"紫金奖"文化创意设计大赛铜奖。作品还走出国门，2017 年在英国最大、深受全球瞩目的商业型设计展会——伦敦百分百设计展亮相，令众人惊艳。2017 年，作品《现代创意·茶室》获第四届江苏省"紫金奖"文化创意设计大赛金奖。2018 年，作品《禅境》获第五届江苏省"紫金奖"文化创意设计大赛金奖。

2009 年 5 月，王金祥、陈云夫妇自筹资金创办南通通作家具博物馆。2014 年 12 月该博物馆开馆，展示了 20 多年来王金祥收藏的最具南通地方特色的明清传世精品家具。500 多件饱含创造者情感和智慧火花的通作拐儿纹家具，件件材美工巧，质朴、大气、雅致、隽永，如清风徐来。烙有人性印记的传世精品传递着手的温暖，充分展示出通作家具的迷人魅力。2014 年，通作家具制作技艺入选江苏省第四批非物质文化遗产保护名录，南通通作家具博物馆被南通市人民政府命名为"通作家具制作技艺传承基地"。2017 年，南通红木小件制作技艺入选南通市第四批非物质文化遗产代表性项目名录扩展项目名录。与通作家具博物馆同时建立的通作家具研究院，被中国民间文艺家协会批准为中国通作家具研究中心。

序 徐艺乙

中国传统工艺有时会被叫作传统手工艺，曾被叫作美术工艺、工艺美术、手工艺、民间工艺等，但其实质从未改变，主要是指历史悠久，技艺精湛，世代相传，有完整的工艺流程，采用天然原材料制作，具有鲜明的民族风格和地方特色，在国内外享有盛誉的手工艺品种和技艺；亦指具有历史传承和民族或地域特色，与日常生活联系紧密，主要使用手工劳动的制作工艺及相关产品；是创造性的手工劳动和因材施艺的个性化制作，具有工业化生产不能替代的特性。学术界一般认为传统工艺是指前工业时期以手工劳动的方式对某种材料（或多种材料）施以某种手段（或多种手段），使之改变形态的过程及其产品。综上所述，中国传统工艺的核心是人与技艺的和谐统一，是广大民众所创造、享用和传承的民间生活文化中的精神及物质文化遗存。

中国传统工艺历史悠久，无论在哪一个历史时期，都在人们的社会生活中发挥了巨大作用。有的通过批量生产满足人们的基本生活需要，有的通过修旧利废满足人们的特殊需求，有的通过精工细作传达某种精神或情感。由此创造出的庞大民间物质文化体系和相关知识体系传承至今，已成为中国传统文化的重要组成部分。

要继承这样的伟大传统，光靠嘴说是没有用的。手工艺行话说，说一千道一万，不如动手做一遍。放在大家面前的这本《大器"婉"成——一张通作柞榛方桌的解析》中的数百幅测绘图都是木作手艺人王金祥大师在学习传统木作的同时，一张一张地描绘出来的。为此，他付出了大量艰辛的劳动，成绩颇丰。

一个合格的手艺人，从入门开始，到熟悉技艺、熟练地操控工具，到熟悉各种结构和零件，再到自由地创造，需要走过一条充满艰难险阻的道路。这是一个从合乎规矩到突破规矩的过程，需要多年的磨炼，而具体磨炼时间的长短则视手艺人的天资而定。天资高者，可以在学习的过程中，很快地掌握创造的手段和智慧；天资欠佳者，亦可以在传统的呵护下，沿着传统规定的路径努力前行，获得创造的手段和智慧。

木作技艺是传统工艺中较为复杂的一种。将一段木头制作成结构复杂的器具，需要精良的材料、精心的谋划、精湛的手艺、精确的零部件，以及精准的装配，最终需要做到"严丝合缝"。这对手艺人的要求是很高的。

过去，手艺人要跟一个师傅学习，即使进入作坊，跟一群师傅研习，也是以一个师傅为主。能够做师傅者，在道德、技艺方面都是出类拔萃的，同时在培养徒弟方面也有着高明的手段。先让徒弟做一些小事情，甚至是师傅的家务，以调整其心性。等徒弟的心性调整至平和时，才开始让徒弟做一些专业方面的事情，如画线、开料、锯木、粗刨等。等手上功夫有点基础后，徒弟便可正式开始学习，跟在师傅后面做一些零部件。当徒弟对各种零部件及其功能完全熟悉时，便可以跟着师傅学习装配了。装配是一个重要步骤，是一个以智慧来主导的力气活，也是一个需要耐心的活计。面对一堆零部件，先装什么，后装什么，怎么装，怎么调整，都是有规矩、有顺序的，否则就不能装配成功。所有的零部件在加工完毕时，都已经达到了相对精准的程度，但在装配时会产生累积公差。这是由材料不同、加工者的手法不同、工具不同以及多人同时加工等造成的。装配零部件时需要以多种手法进行调整。这样的调整要求手艺人拥有多年的经验和智慧，从而使装配后的器具结实、好用、美观，有着较高的价值。这样的跟随师傅进行专业制作的过程，就是系统地向传统学习的过程。事实证明，这样的学习过程是有效的。

如今，情况有很大变化。年轻的手艺人已经不可能像过去一样跟着老师傅按部就班地研习传统，也没有了这样的条件。对传统的经典器具进行测绘是向传统学习的重要方式之一。通过测绘了解零部件的相对精确的尺度、制作的细部、手法和作用以及该零部件处于器具整体中的位置，进而精确地模仿，对于年轻人研习传统是非常重要的。先在尺寸的限制下进行制作，然后再摆脱尺寸进行新的合乎尺度的创造，这样的创造实践难度极高，却是有效的，且做成的器具是可以传世的。

王金祥是一个对待传统极其认真的人。他自入行以来，在传统中充分汲取养分用于自己的创作，取得了很好的成绩。他获得的众多大奖便是证明。这次，他将花了许多时间测绘的图稿编辑成书，刊行于世。希望读者能够从书中学习到中国木作技艺的最基本的传统，在创造时能够有所依据，为振兴中国的传统工艺贡献力量！

是为序。

南京大学教授

己亥年正月初六日于金陵仙林

参考文献：

《传统工艺美术保护条例》

《中国传统工艺振兴计划》

前言

赵彤

　　中国家具历史悠久。至明清两代，其制作样式和工艺水准已达到了顶峰。按照地理位置、流派风格和设计理念的不同，中国家具大致可分为晋作、京作、广作和苏作四大流派。其中，苏作家具的水平最高，而南通家具又是苏作家具的一个重要分支。

　　一方水土养一方人，一方水土也养一方物。由于历史上与北方民族的几次融合，南通人的性格中和了南方人的灵秀和北方人的粗犷，以及因多年未经战火而生成的沉稳、从容的气度，融入积淀千年的深厚文化底蕴，使南通家具的风格呈现出了雅致、质朴和大气的特点——这是南通人的气质和精神在南通家具上的反映。另外，由于文人的介入，南通家具又少了几分粗糙和俚俗，而添了几分精巧、细致和文静。

　　王世襄先生在他的《明式家具研究》一书中，曾将明式家具的风格归纳为"十六品"，其中所说的简练、淳朴、厚拙、圆浑、沉穆、典雅和清新恰恰与南通家具的气韵相吻合。那么，南通家具与王世襄先生所珍赏的明式家具之间究竟存在着怎样的联系呢？

　　多年以来，不少人认为，所谓"苏作家具"的产地就是苏州，但是，李渔在他的《闲情偶寄》中曾有这样一段关于家具的论述："以时论之，今胜于古；以地论之，北不如南。维扬之木器，姑苏之竹器，可谓甲于古今，冠乎天下矣。"

　　因此，我们可以知道，明代中后叶至清早期，苏州工匠主要从事的是竹器的加工制作，而顶级的木制家具的主要产地在"维扬"。李渔所说的"维扬"并非专指扬州一地，而是包括了今天的扬州、泰州、南通和淮安的广大地区。事实上，在历史上的许多朝代，南通都曾隶属扬州府。这样看来，南通当是明式家具的重要产地了。

明式家具中材质最好、做工最上乘的当属黄花梨家具。由于黄花梨材料难觅，所以，这种家具在当时就属上品。加上岁月的淘沥，数百年下来，黄花梨家具更是珍稀之物了。

但是，在南通，黄花梨家具并不十分罕见。在近30年时间内，世界各地收藏家从南通"淘"走的黄花梨家具就达数百件之多，其中不乏大件和精品。美国波士顿美术博物馆就藏有一张产于南通的黄花梨四出头官帽椅。其做工之精美堪称"举世无双"。这件家具的照片后来一直被印在这家博物馆馆藏文物画册的封面上。

黄花梨家具在南通的大量存世表明了这样一个事实：在明朝中后期至清早期这段时间内，南通的工匠们正在大量制作黄花梨家具。由于南通此后没有经历过大的战乱和兵火，它们被较好地保留下来了。

在南通，还有一个现象值得注意：除了经常可见黄花梨大件外，小件在民间的存量也相当巨大，甚至数以万计——这又是南通乃黄花梨家具主要产地的又一佐证。因为材料的珍贵，工匠们不太可能有意将黄花梨大料剖开来专门制作小件。它们一定是由当年工匠们在制作黄花梨家具时锯下的零料加工而成的。苏作工匠的用心是举世公认的。北方木匠曾经赞叹："家具做好后，扫扫地就剩一把锯末。"我们可以想象，当年那些惜木如金的南通工匠们在制作黄花梨家具时，看到散落在地上的下脚料颇感心疼，于是捡拾起来，做成了笔筒、几座，遇到大一点的料就把它们拼成了提篮、承盘，他们也因此被冠以一个美名——

木秀才。

　　经过长期的实践和训练，南通工匠的技艺水平和审美水平都有了突飞猛进的提高。现存的许多家具的制作者应该就是当年制作黄花梨家具的师傅，或者至少也是那些师傅的传人。这使他们在后来的家具制作中习惯性地采用了"黄花梨工"——当用心时用心，不当用心时用趣，以至于今天文博界将南通家具专门称作"通作家具"，将南通工匠创造的极其精湛的工艺称为"南通工"。

　　本书所解析的这张方桌可谓通作家具的经典之作。其面框和腿足部分使用的是最具南通特色的木料——柞榛，面板为十分珍稀的紫金星楠木，而其制作水准则几乎达到了"南通工"的极致。

　　这张方桌距今已有近 300 年历史。对其进行解析，可以让我们破解许多隐藏在其间的文化密码，从而了解古代工匠在一件看似平常的家具上所花费的心思和付出的汗水。在拆解这张方桌时我们发现，它的构件竟然达到 72 件之多，其中最小的尺寸仅几厘米，但它们结合得天衣无缝。方寸之间能够如此从容不迫、游刃有余，这足见古代南通工匠们巧夺天工的本领。

　　拐儿纹是通作家具中具有显著地域特征的修饰符号，也最能代表南通工匠的制作技艺。除了浅浮雕拐儿纹之外，其他品类的拐儿纹制作大多需要采用"攒接"的工艺，即用纵横斜直的零料短材，通过榫卯结构使它们衔接交搭起来，组成各种几何图案。工匠在使用这种方法前，必须进行精密计算，在操作过程中必须十分谨慎，否则会差之毫厘，谬以千里。

　　事实上，拐儿纹是南通民间的称谓，在图典中叫作"拐子龙"，起源于远古的图腾。从现有资料看，这种纹饰最早出现在新石器晚期的陶制品上，后来被广泛运用于青铜器上。通作家具上出现这种纹饰当在明朝中后期。至清中期其发展日趋成熟。经过南通十几代工匠的不断探索、改良和完善，后来，在基本结构规律不变的情况下，拐儿纹又变化出梅花、工字、回纹、凤头、灵芝、象鼻头、和尚头等多种样式，以满足不同类别家具的修饰要求和对应功能上的多种需求。

拐儿纹在空间里回旋曲折的流动，产生了强烈的节奏感与韵律感，在计白当黑之间又形成了统一与变化、条理与反复、对称与呼应等关系，完全符合图案的形式美等法则，从而打破了原来以垂直线、水平线为主的家具框架的呆板与单一。此外，拐儿纹的连续图样也寄托了人们对美好生活连绵不断的美好愿望和精神追求。

从功能上来看，拐儿纹的运用使家具中的点、线、面的结合更加紧密，从而大大增强了家具的牢固度。这张方桌保存至今仍完好无缺，与制作者对拐儿纹的精准运用是密不可分的。

在解析这张柞榛方桌的过程中，让我们更为惊叹的是前辈工匠对榫卯结构的熟练掌握、灵活运用，以及创新发展。

榫卯结构是中国智慧的产物，最早可追溯到新石器时代。在很长一段时间内，这种结构主要被运用于建筑当中，从而成就了华夏建筑文化的辉煌。

在榫卯结构中，凸出部分称为"榫"，凹入部分则称为"卯"。榫卯的神奇之处在于，它能够通过各种不同的契合手法，让结构中的每一个单元都被稳定地固定住，因而不需要一枚铁钉，就能够构建起一座座宏伟的建筑。现存于山西的悬空寺和应县木塔便是其中的杰出代表。后来，榫卯这种结构被广泛移植到家具的制作中，并逐渐成为中国木作工艺的精髓所在。

榫卯外观四称，含而不露，透着儒家的平和与中庸。榫卯内蕴阴阳，相生相克，以制为衡，闪耀着道家思想的光辉。榫卯结构不用一钉、不用胶水黏合便能使物件牢固成型，这又与古人道法自然、天人合一的哲学思想和审美情趣相一致。

在这张方桌中，前辈工匠在不同的部位采用了不同的榫卯形式，但是它们都起到了形体构造中"关节"的作用。由于制作者对各种榫卯结构的精密设计和合理运用，这件家具不仅严丝合缝、坚固牢实，而且比一般家具更具观赏性和艺术性。

尤为可贵的是，目前的资料显示，从中国古代流传至今的榫卯结构共有几十种形式，而这件家具所采用的 12 种榫卯结构中却有几种几乎是其他古人所没有运用过的。

榫卯的使用是古代木匠必须具备的基本技能。木匠的手艺水平也可通过榫卯制作的水准得到精准的反映。这样的事实再一次表明，前辈工匠被冠以"木秀才"的美名是当之无愧的。通作家具在中国古典家具中拥有现在的地位，与先辈们的兢兢业业、精益求精是分不开的。正是他们的薪尽火传式的继承与创新，才使中国古典家具的工艺水平和艺术价值得到了不断提升。

对一件家具进行解构和分析，对于我们来说，是一次全新的尝试。我们希望通过这样的"解剖麻雀"式的研究与探索，达到"窥一斑而知全豹"的目的，从而为中国古典家具的传承与发展尽一份绵薄之力。

柞榛树主要生长在江淮之委海之端的南通及其周边地区,是一种比较稀有的树种,即使在乡村,也是很难见到的。它栽植在乡村河沟岸边或农家院子的房前屋后,且都是独棵生长的。图中的十几棵柞榛树长成了一片树林,这种情况十分罕见。这是树主人有意将许多柞榛树移栽在一起的。

柞榛原木剖面图

百年柞榛原木标本

柞榛原木剖面图

柞榛树属常绿乔木，叶子呈凤眼形状，木质细腻坚韧，木纹清晰雅致，是制作家具的上等材料。但是，由于其生长缓慢，又易遭虫蛀，故有"十柞九空"之说，又因多弯曲、成材率极低而显得尤为珍贵。

清式柞榛厅堂家具摆布图

通作柞榛方桌

对子八仙桌

四仙桌

棋牌桌

八仙桌

棋桌

八仙桌

八仙桌

圆拼桌

八仙桌

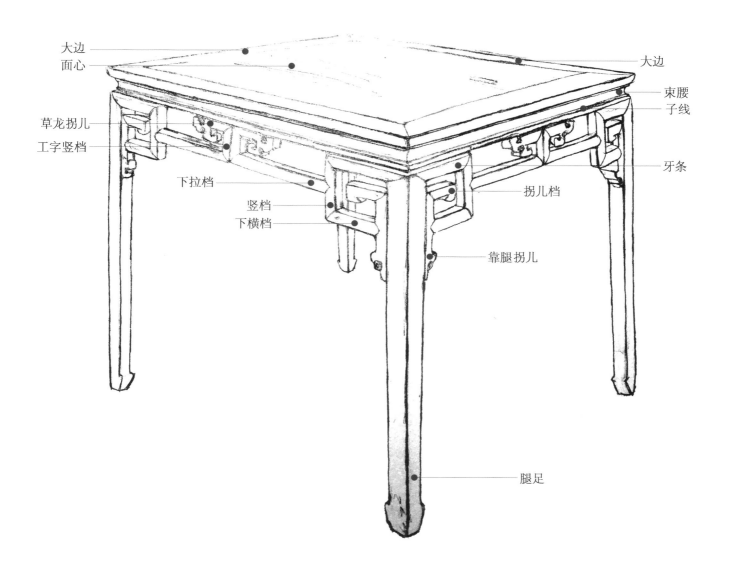

大边

面心

大边

束腰

子线

草龙拐儿

工字竖档

牙条

下拉档

拐儿档

竖档

下横档

靠腿拐儿

腿足

方桌结构部件名称

目录

榫卯

　　榫卯结构被称为"中国的智慧"。其神奇之处在于，能够通过各种不同的契合手法，让家具中的每一个单元都被稳稳地固定住。这体现了儒家的平和与中庸，以及道法自然、天人合一的思想和审美情趣。

扣夹榫

竖档、横档通过明榫、明卯相扣相夹而形成的榫卯结构名为扣夹榫。

侧面

正立面

工字竖档与草龙拐儿榫卯结构

正立面

反立面

工字竖档与草龙拐儿组装件

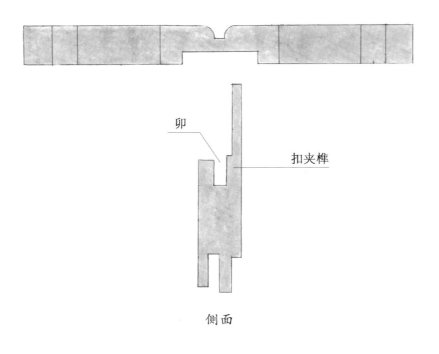

卯

扣夹榫

侧面

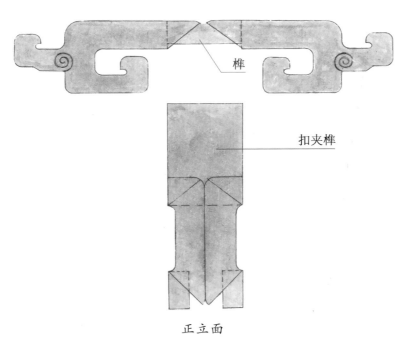

榫

扣夹榫

正立面

手绘工字竖档与草龙拐儿榫卯结构

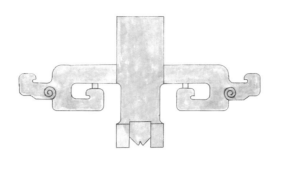

反立面

手绘工字竖档与草龙拐儿组装件

扣夹榫（工字竖档与草龙拐儿榫卯结构）

这是通作家具特有的一种榫卯结构。

该结构在正立面割角呈人字肩，然后与草龙拐儿榫卯相扣。肩上部分做成榫，与子线、束腰相连。最上部直达边框成为闷榫。工字竖档同方向、同根料一榫四用，这在明清家具中是比较少见的。草龙拐儿在正立面中心处割角呈人字肩，反立面以 90° 切角割去榫的厚度后做成活卯。此活卯只有在扣夹榫结构中才可以使用。

根据结构力学原理，一般卯孔都是开在工件居中的位置，可偏里或偏外。卯的两边必须有肩子，才能称得上是"卯孔"。在制作草龙拐儿的工字竖档时，卯料的厚度必须增加 10 mm，做成反面卯肩。在这个结构中，榫卯完全靠工字竖档割角人字肩后面的夹子紧紧相扣，加上草龙拐儿正面人字肩和反面 90° 切角肩子，从而使草龙拐儿两端不会摇摆。

扣夹榫的力学原理是一个工件夹在另一个工件上，依靠夹子、人字肩及 90° 肩子三种力相互支撑，使用具更具稳定性，更牢固。

双出头夹子榫

竖档正面人字肩割角和后面的双出头榫做成夹子,与横档上的榫卯相扣相夹形成的榫卯结构,为双出头夹子榫。

反立面

正立面、上面

工字竖档与下拉档榫卯结构

反立面

正立面

工字竖档与下拉档组装件

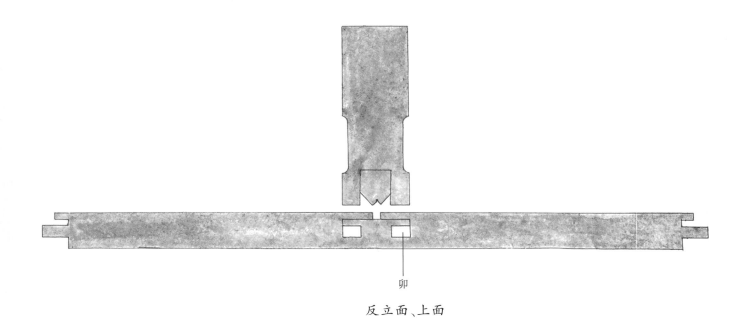

卯

反立面、上面

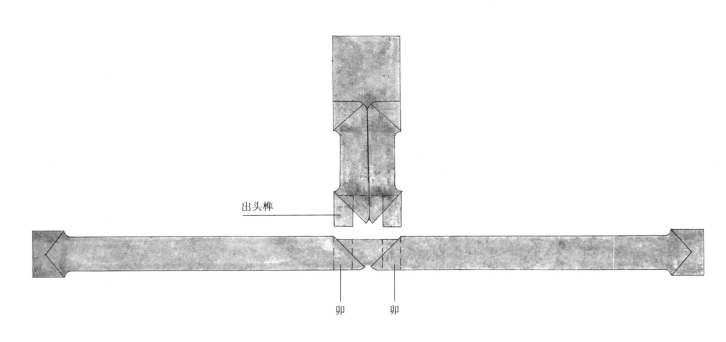

出头榫

卯　卯

正立面

手绘工字竖档与下拉档榫卯结构

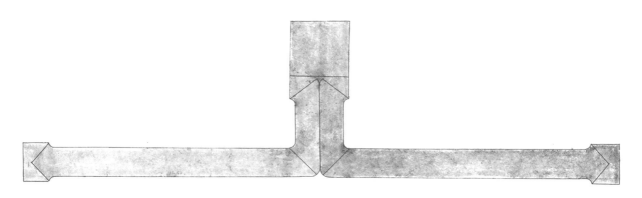

正 立 面

手绘工字竖档与下拉档组装件

双出头夹子榫(工字竖档与下拉档结构)

这种榫卯看上去比较常见,但是,其立面人字肩割角、反面夹子直角送肩的结构在传世明清家具实物中几乎没有见到。这种结构在通作拐儿纹椅 、几、桌、凳等家具所采用的榫卯结构中是比较讲究的类别。

在一般工艺中,下拉档和工字档结合所采用的是单榫卯结构,即正立面割角呈人字肩,反面使用90°平肩工艺。

这种双出头榫采用了反面直角夹子送肩的方法,可以使下拉档卯部分创伤面更小。创伤面过大容易造成下拉档断裂。 双出头夹子榫靠的是多面摩擦力来使家具更加稳固。下拉档与工字竖档交接点采用圆角,则不易出现绷角。

从美观的角度上考虑,反面小直角送肩4 mm,有保护竖档与下拉档圆角不掉角的作用。 反面送肩4 mm,可把圆角部分送肩至下拉档上, 同样可使圆角不掉角。

闷榫(一)

闷榫即"暗榫",又叫半榫。为使家具外表美观,部件的榫卯接合多采用闷榫结构。

反立面

上面、侧立面

正立面

下拉档与竖档榫卯结构

反立面

正立面

下拉档与竖档组装件

榫卯

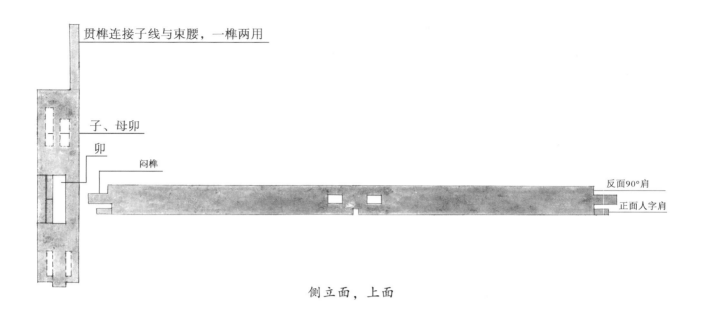

贯榫连接子线与束腰，一榫两用

子、母卯

卯

闷榫

反面90°肩

正面人字肩

侧立面，上面

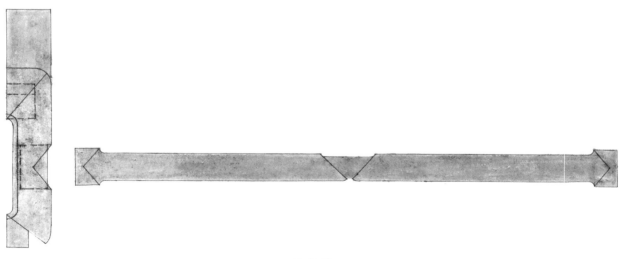

正立面

手绘下拉档与竖档榫卯结构

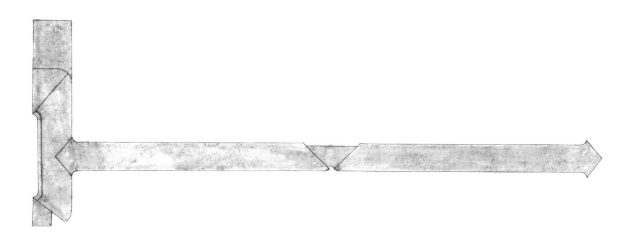

正立面

手绘下拉档与竖档组装件

闷榫（下拉档与竖档榫卯结构）

闷榫是一种比较常见的榫卯结构。在人字肩割角后用夹子肩及反面90°送肩，在一般传世通作家具中则比较少见。

通作家具的闷榫制作要求卯孔深度必须保证在工件宽度的4/5左右。从力学角度看，榫越长，摩擦力越大，家具的结构就越牢固；反之，榫越短，拉力和摩擦力就越小。不过，在家具制作中，为了保证美观，虽然榫需要达到一定长度，但不可以出头。

下拉档与竖档闷榫制作一般采取正面45°割角或拉角工艺。此工艺有两种做法：一种是采用人字肩割角，与榫做成夹子状，在榫夹之间形成卯孔。其优点是卯的创伤面较小，工件牢固，榫卯摩擦力更大。另一种是人字肩割角到卯面，此时人字肩成为装饰。其缺点是创伤面大，榫卯摩擦力小且牢固度不如前者。反面的工艺与工字竖档和下拉档榫的大致相同，也是直角送肩4 mm（工件小，没有用夹子），同样可以起到保护内圆角的作用。在拆解下拉档与竖档结构的过程中可以看到，下拉档榫有明显的摩擦痕迹。

榫卯

闷榫(二)

闷榫是桌面形成的重要结构。穿带穿过面心板榫槽，完成与面心板的组合。大边与穿带通过闷榫，大边与大边通过龙凤榫，组合成完整的桌面。

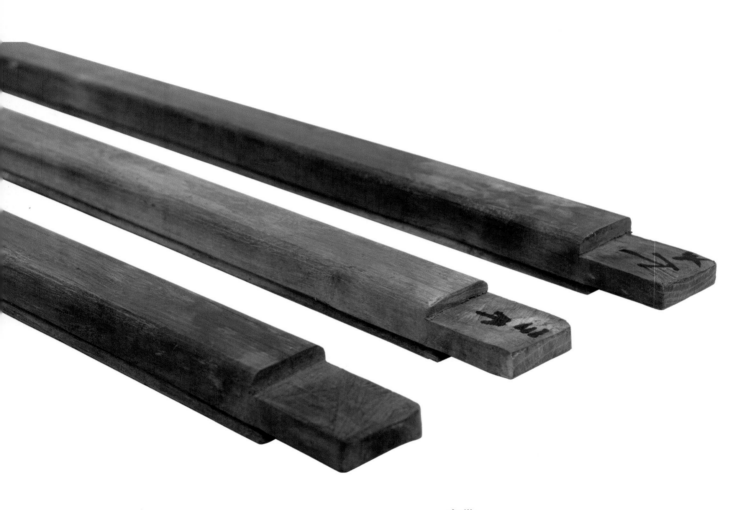

穿带

反面

面心板、穿带和大边榫卯结构

反面

面心板、穿带和大边组装件

按照工艺常规，面心板用硬木，穿带木条也应该用硬木。虽然这样做能使穿带燕尾榫与面心板燕尾槽相扣比较紧密，但是，面心板就会出现弯曲。如果面心板用硬木，穿带用杉木，就不会产生这种情况，因为杉木比较软，使得燕尾榫能深入面心板当中，而这也符合儒家以柔克刚、阴阳平衡的理念。

穿带半榫、燕尾榫

正面

面心板、穿带和大边榫卯结构

穿带

在传统明清家具中面心板穿带的选料比较讲究：若面心板用硬木，穿带就用软木；若面心板用软木，穿带就用硬木。此方桌面心板用紫金星楠木，穿带用柞榛木，符合明清家具制器要求。

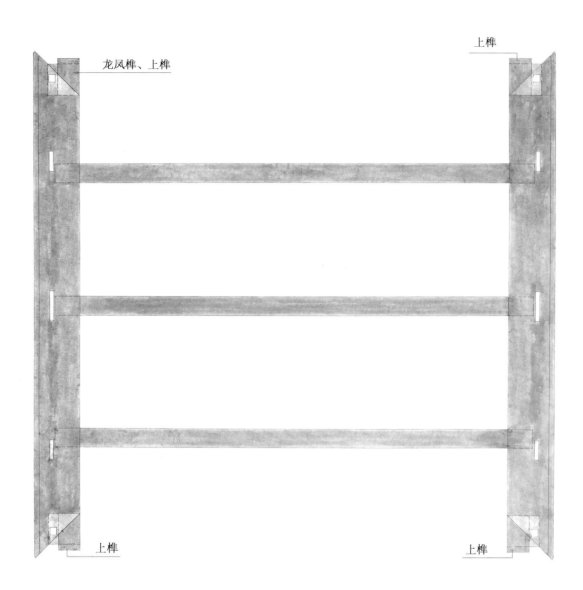

龙凤榫、上榫

上榫

上榫

上榫

反面

手绘穿带和大边榫卯结构

燕尾榫

穿带侧面

半榫

槽卯　　　　卯　　　　榫

卯

大边侧面

手绘穿带和大边榫卯

闷榫（面心板、穿带和大边榫卯结构）

这种榫卯比较常见。工件中间开榫，双面去肩（榫位置根据要求可偏向上肩或下肩）。对于一般材料而言，硬木材料榫厚度小于卯孔厚度 5 丝左右，榫宽度大于卯宽度 5 丝左右，榫卯加工余量根据材料气干密度而定。

根据力学原理，榫越长（不能出榫），摩擦力越大，拉力越强。在制作组装时，如果榫的厚度略小于卯孔的厚度，榫的宽度略大于卯孔的宽度，安装后榫就不易脱落。

闷榫(三)

　　一张方桌的结构是否牢固，关键在于下横档和腿足闷榫结构是否紧密。靠腿拐儿其实不受多大的力，只起过渡及装饰作用。下横档和腿足闷榫结构的牢固程度决定了整张方桌的使用寿命。

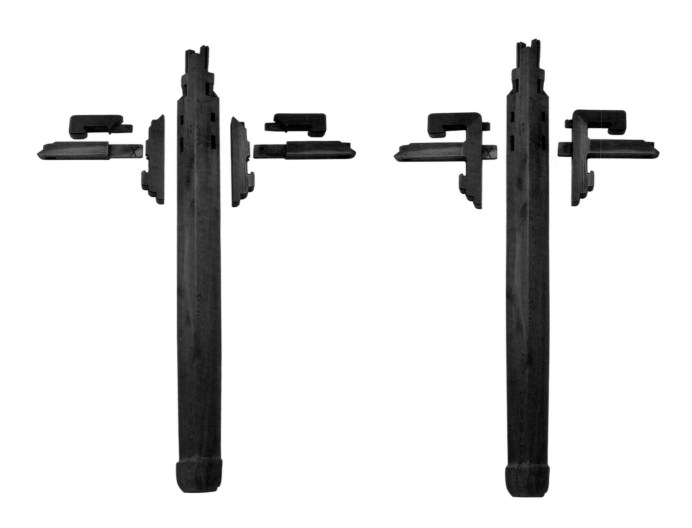

内立面

下横档、拐儿档、靠腿拐儿与腿足榫卯结构

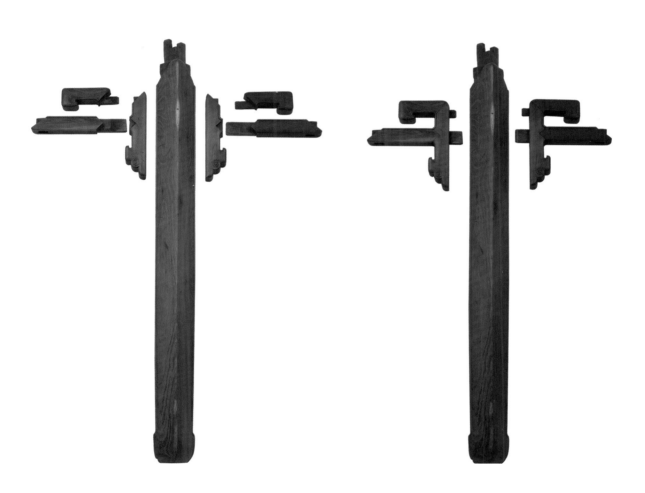

外立面

下横档、拐儿档、靠腿拐儿与腿足榫卯结构

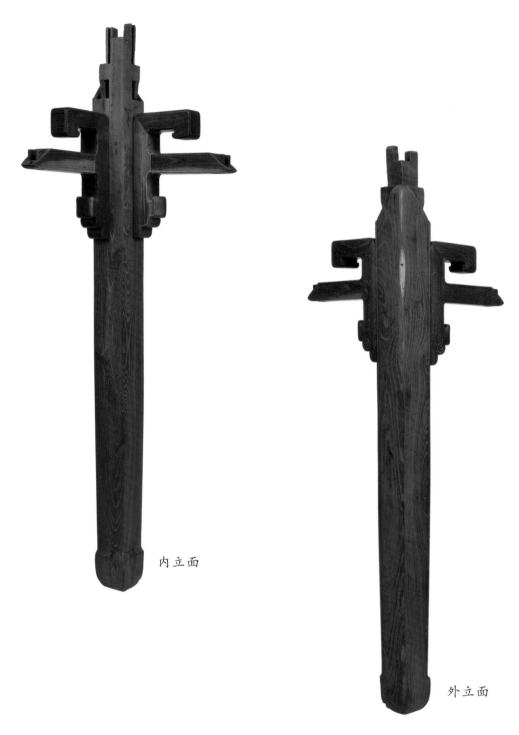

内立面

外立面

下横档、拐儿档、靠腿拐儿与腿足组装件

反立面　　　正立面

下横档、拐儿档、靠腿拐儿与腿足组装件

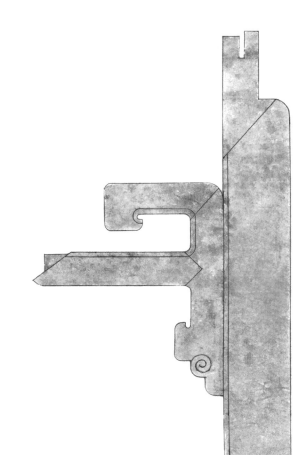

闷榫(下横档、拐儿档、靠腿拐儿与腿足榫卯结构)

这是通作家具特有的榫种。其实,闷榫在家具榫卯结构中比较常见,但是,这里的闷榫与靠腿拐儿结构部分为贯榫,且一榫多用。这种结构在其他家具中十分少见。其主要结构特点是,拐儿档与下横档榫头穿过靠腿拐儿后和腿足上的卯孔相连;榫头越长,摩擦力越大,腿足和下横档就越不易松动。

手绘腿足与靠腿拐儿组装件

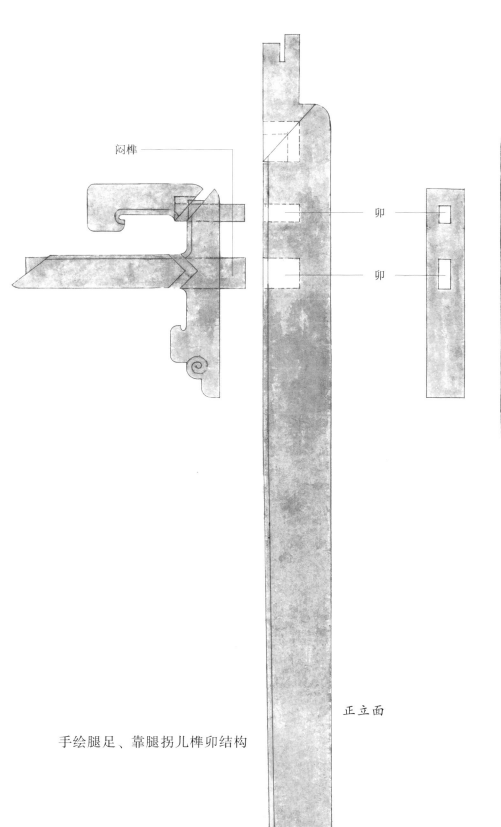

闷榫

卯

卯

卯

卯

手绘腿足、靠腿拐儿榫卯结构

正立面

侧立面

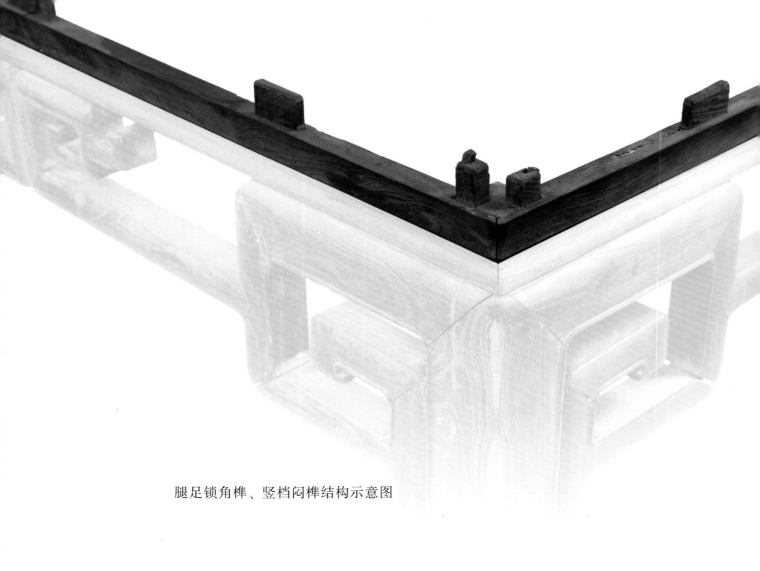

腿足锁角榫、竖档闷榫结构示意图

闷榫（四）

竖档、工字竖档榫头穿过子线和束腰，与方桌大边的卯孔接合，形成闷榫结构，完成方桌组装。

大边、腿足、竖档和工字竖档榫卯结构示意图

桌面与下部榫卯结构示意图

桌面与下部结构示意图

方桌下部的竖档、工字竖档的上榫穿过子线、束腰（用的是贯榫）后，其出头部分和方桌大边上的卯孔相扣，形成闷榫结构。

束腰、子线与下部榫卯结构示意图

榫卯

闷榫主要用于家具构件点与点之间的连接。

竖档是一个两头出榫的部件，下连下横档、下拉挡和牙条；上榫穿过子线、束腰，形成大边闷榫结构。此工件有六个节点，点点相扣，是整个方桌结构中受力面（点）最多的部件。

工字竖档下连下拉档，上与扣夹榫（卯）和草龙拐儿相连；上榫穿过子线、束腰，与大边形成闷榫结构。此工件有五个节点，在结构中起平衡拉力作用。

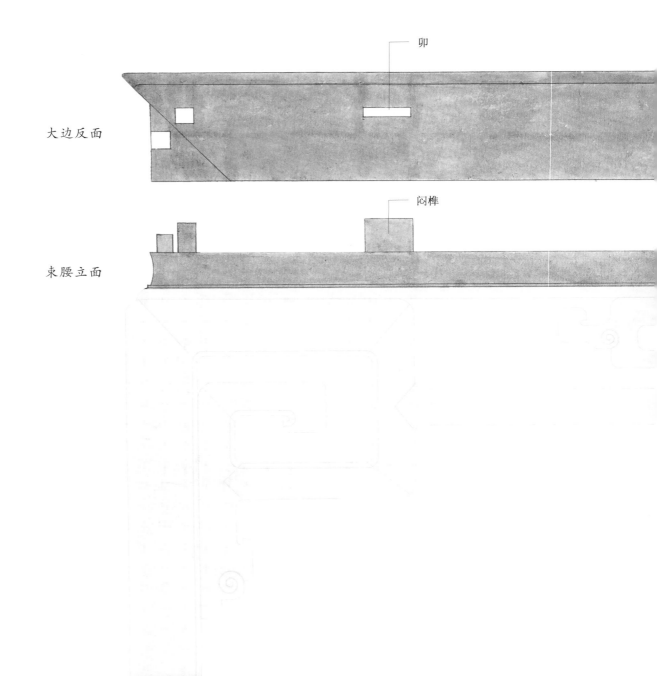

大边反面　　卯

束腰立面　　闷榫

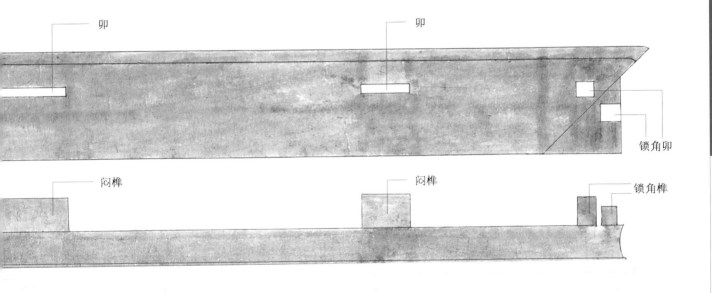

卯

卯

锁角卯

闷榫

闷榫

锁角榫

手绘大边与桌面下部闷榫结构

大器「焕」成——一张通作柞榛方桌的解析

榫卯

033

锁角卯

反面

手绘桌面锁角榫卯示意图

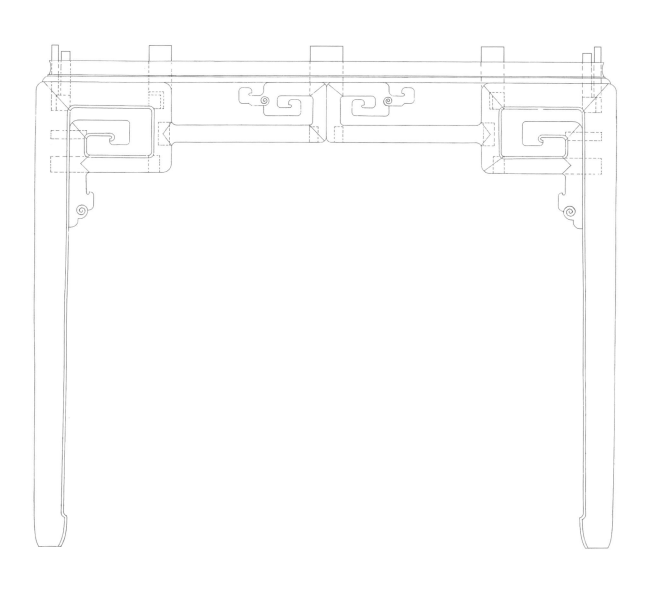

手绘方桌下部榫卯结构示意图

榫

卯

子母榫 (一)

子母榫呈一大一小排列，形同母子。明清传世家具同工件同部位一般采用单榫工艺，而通作家具中的考究工艺一般为双榫。子母榫是双榫工艺，一般用在牙条部位。

正立面

竖档与牙条榫卯结构

正立面

竖档与牙条组装件

侧面

侧面

竖档与牙条榫卯结构

侧面

侧面

竖档与牙条榫卯结构

反立面

竖档与牙条榫卯结构

反立面

竖档与牙条组装件

　　子母榫是通作家具中比较难做的一种榫卯结构，即使用目前最先进的机械也很难一次成型，必须运用传统工艺才能够制作完成。

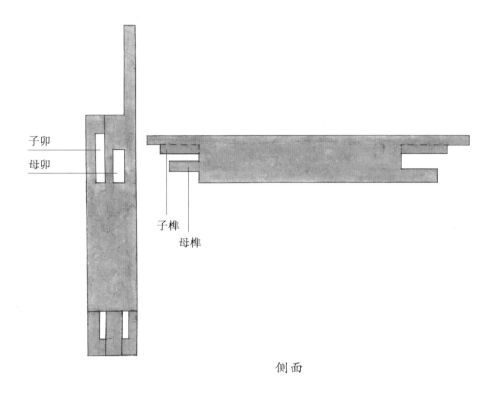

子卯

母卯

子榫

母榫

侧面

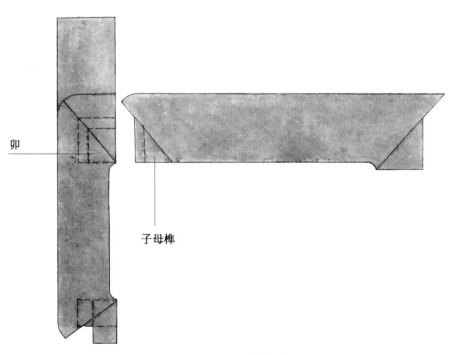

卯

子母榫

正立面

手绘竖档与牙条榫卯结构

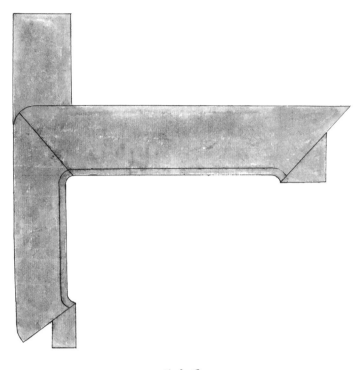

正立面

手绘竖档与牙条组装件

子母榫（竖档与牙条榫卯结构）

这是通作家具特有的榫卯结构。牙条采用的工艺是立面割角，内侧开榫，中间为夹，正面斜肩角内侧小榫为子榫，夹子里为母榫，反面开 90° 肩子。这一结构看起来很像一个部件，其实是在同一方向形成一大一小两个榫头（俗称双榫双肩单夹），就像母子一样。竖档立面割角做卯，侧面开 90° 平肩并做成卯孔，形成双肩双卯单夹结构。在竖档和牙条节点形成后，在竖档上做榫，用于连接子线、束腰，并连接大边。一根小竖档上有六个榫卯节点，这在中国家具史上十分少见。

如果使用现代机械加工牙条，一般采用的方法是立面割角，加插榫，侧面开 90° 平肩。其结果是榫卯靠胶水相连，无拉力。而用传统工艺手工制作的子母榫，既有拉力、摩擦力，又不绷角，同时榫与卯、榫与肩之间具有夹合力。

子母榫 (二)

正立面

腿足与牙条榫卯结构

042

正立面

腿足与牙条组装件

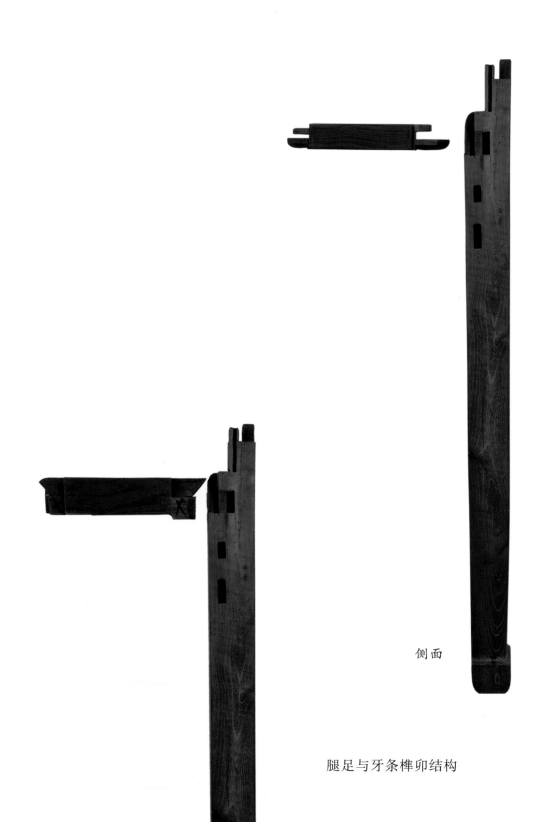

侧面

腿足与牙条榫卯结构

反立面

反立面

腿足与牙条组装件

榫卯

正立面

腿足与牙条子母榫卯结构

榫卯

侧面

腿足与牙条子母榫卯结构

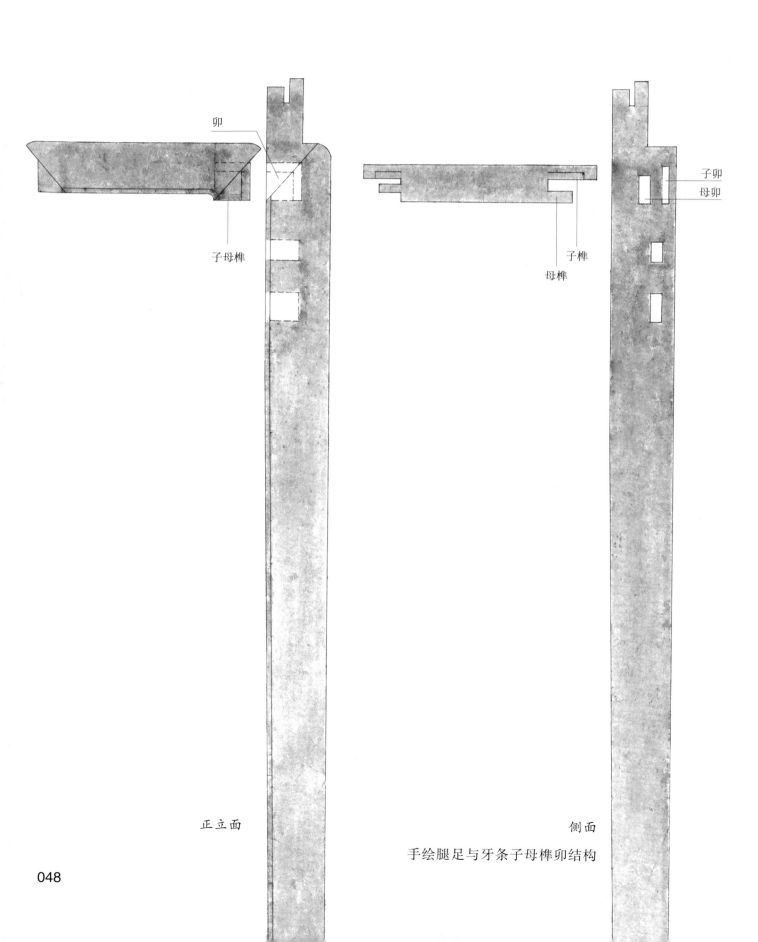

卯

子母榫

正立面

子榫

母榫

子卯
母卯

侧面

手绘腿足与牙条子母榫卯结构

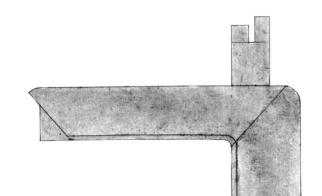

手绘腿足与牙条组装件

通作家具腿足与牙条榫卯
结构特有的送榫工艺

子母榫（腿足与牙条榫卯结构）

该榫卯结构和竖档与牙条结构相近，采用的工艺同样是牙条立面割角，内侧开榫，中间为夹，正面斜肩角内侧为小榫，夹子里为母榫，但反面无肩，俗称"单肩双榫单夹"。考虑到外立面内侧圆角的牢固度，其反面采用的不是传统送肩工艺，而是送榫工艺——在腿上做卯，把子母榫连同子母榫中间的夹子一同送入卯眼内，从而使侧面内圆角不会掉角。这种结构不但可以增加构件之间的拉力和摩擦力，而且可以起保护内侧圆角的作用。

虎牙榫(一)

　　虎牙榫主要用于下横档和竖档的连接。此榫卯结构采用45°割角。下横档中间为卯，卯两边为榫；竖档中间为榫，榫两侧为卯。该榫卯结构采用（竖档）中间主榫带两个副卯与（下横档）两个副榫带中间主卯相连。这种结构因两个副榫像对称的两颗虎牙而得名。此结构大大增强了构件牢固度。

　　虎牙榫是通作家具比较经典的榫种，目前用国内木工机械难以一次性成型，只能用传统工艺来完成。因此，从设计、画图、放大样、取料、刨料、画线、打孔（做卯）、锯榫、出夹、取肩、试组装，直到最后完成，所有工艺都不能马虎。

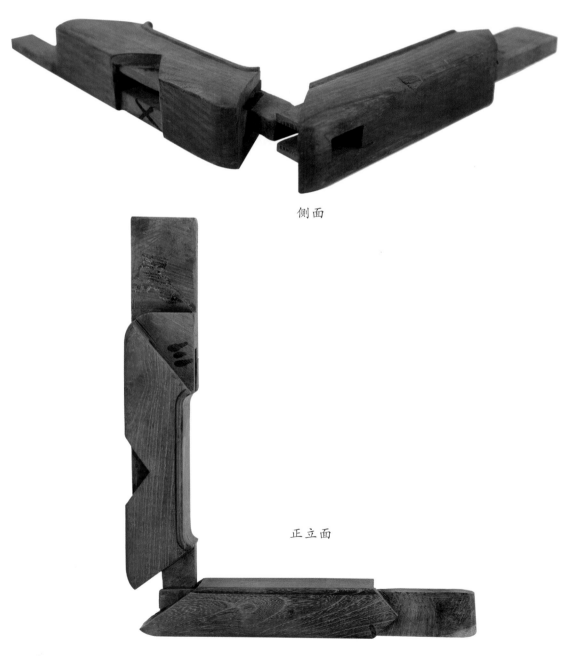

侧面

正立面

竖档与下横档榫卯结构

正立面

竖档与下横档组装件

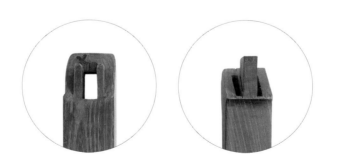

虎牙榫结构

反立面

侧面

竖档与下横档榫卯结构

反立面

竖档与下横档组装件

大器『焕』成——一张通作柞榛方桌的解析

榫卯

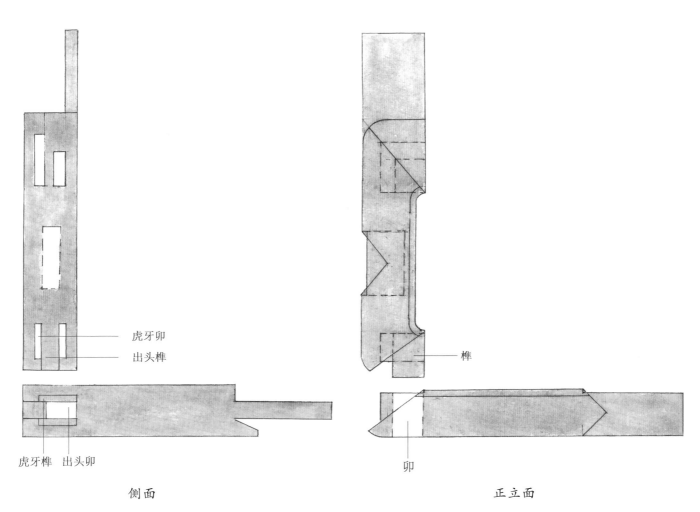

虎牙卯
出头榫

虎牙榫　出头卯

侧面

榫

卯

正立面

手绘竖档与下横档榫卯结构

虎牙榫（竖档与下横档榫卯结构）

这是通作家具所特有的榫种，俗称"双肩双插过榫"。这种榫卯结构是在下横档规格为 28 mm×31 mm、竖档规格为 37 mm×31 mm 的工件上完成的。一般工艺标准为正立面采用割角工艺，反面采用 90°切角，半出榫。

如果部件采用全出榫工艺，那么侧面就会露出端头，且榫卯容易偏角。从美观角度考虑，采用虎牙榫工艺使得侧面的观赏性大大增强，竖档和横档正立面、侧面也同样可以交圈。

从结构上看，采用此种工艺时，下横档两个插榫像两颗虎牙牢牢地插入卯孔中，其过榫从靠腿拐儿穿过并直接和腿足相连接。在小小的木料端头做满榫卯，足见先辈们的奇思妙想和巧夺天工。

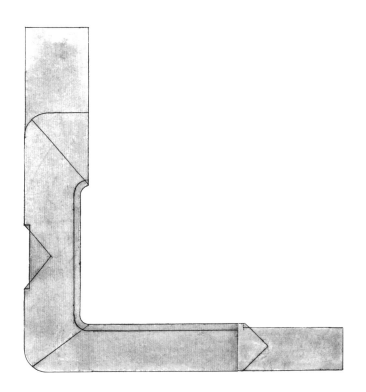

正立面

手绘竖档与下横档组装件

榫卯

虎牙榫(二)

正立面

靠腿拐儿与拐儿档榫卯结构

正立面

靠腿拐儿与拐儿档组装件

榫

卯

侧面

反立面

靠腿拐儿与拐儿档榫卯结构

反立面

靠腿拐儿与拐儿档组装件

榫卯

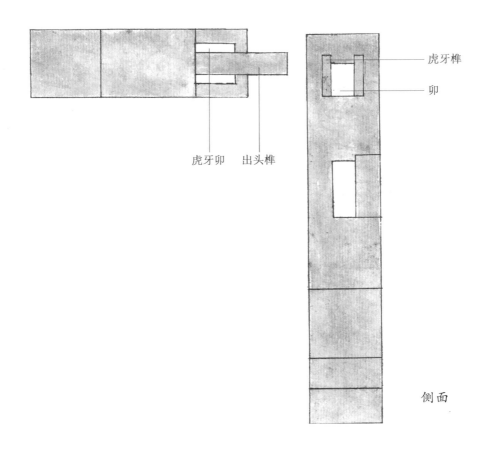

虎牙榫

卯

虎牙卯　出头榫

侧面

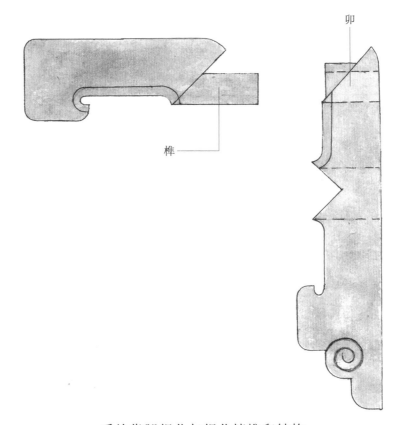

卯

榫

正立面

手绘靠腿拐儿与拐儿档榫卯结构

060

手绘靠腿拐儿与拐儿档组装件

虎牙榫(靠腿拐儿与拐儿档榫卯结构)

靠腿拐儿与拐儿档结构和竖档与下横档结构相似,略有不同的是拐儿档榫头加长并连接腿足。

这种结构的主要特点是靠腿拐儿和拐儿档的连接靠虎牙榫增加握固力和摩擦力,能够加强靠腿拐儿与拐儿档结构的牢固度。另外,拐儿档穿过靠腿拐儿后与腿足通过榫卯结构相连,增加了榫的长度,从而大大增强了构件之间的握固力,使腿足和下横档不易松动。

出头榫

这是比较常见的榫种。顾名思义，穿过卯孔的榫为出头榫。出头榫与其他工件相连接，成为闷榫。

侧面

正立面

靠腿拐儿与下横档榫卯结构

正立面

靠腿拐儿与下横档组装件

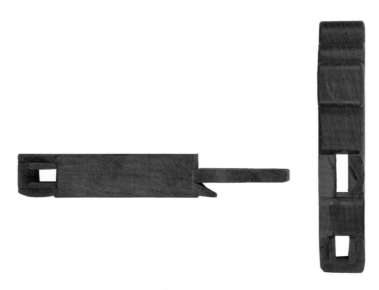

侧面

靠腿拐儿与下横档榫卯结构

榫送肩工艺一共有四种：第一种为直角送肩法，即工件端头一分为三，中间为榫，双肩采用90°割角，榫直接和卯孔接合，比较普通。第二种为人字割角送肩法，即正面采用人字割角，反面采用90°割肩，形成单榫结构。榫卯接合后，外立面美观，但卯孔人字割角处易受损而影响牢固度。第三种为帮肩送肩法。此法只用于圆腿圆档工件。运用此法做榫时，正面按工件圆弧度送肩。此法使工件比较美观，对结构无任何创伤，是明清家具，特别是通作家具榫卯送肩的最高工艺。第四种为挑皮割角法，即双面割肩（和单面割肩）后出夹子，卯件人字割角部位面铣掉3 mm。此法在卯工件上会产生轻微的创伤，是比较讲究的工艺。

反立面

靠腿拐儿与下横档组装件

榫

卯

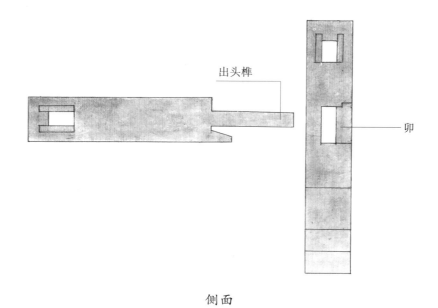

出头榫

卯

侧面

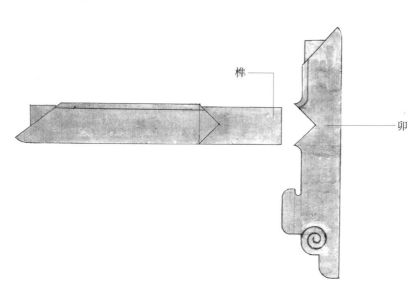

榫

卯

正立面

手绘靠腿拐儿与下横档榫卯结构

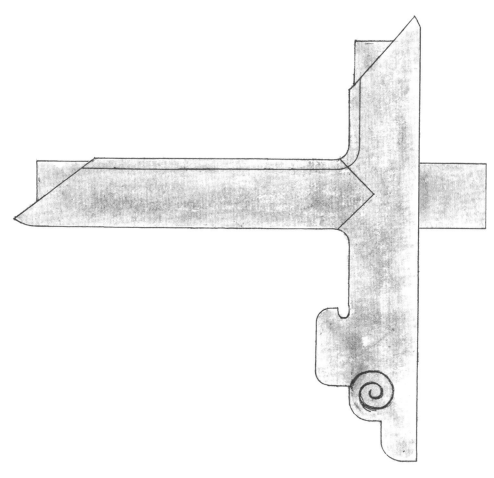

正立面

手绘靠腿拐儿与下横档组装件

出头榫（靠腿拐儿与下横档榫卯结构）

出头榫是中国古典家具中比较常见的一种榫卯结构，但是，这里的出头榫在传统的基础上又有了新的突破。

下横档做榫时，正面采用挑皮割角法，立面采用45°人字榫割角，反面采用90°割角，侧面4 mm×2 mm阳线交圈处用3 mm割肩工艺。这同样可以起到保护内侧圆角不受损坏的作用。

下横档贯榫连接靠腿拐儿。出头榫与腿足相连成为闷榫。其实，从结构上讲，靠腿拐儿只起装饰、过渡作用，讲究的是下横档闷榫与腿足卯孔紧密配合，从而增强了整个工件的摩擦力和拉力。

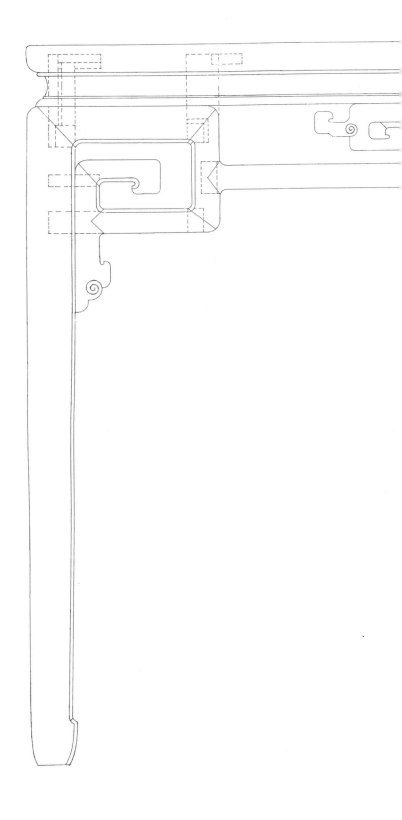

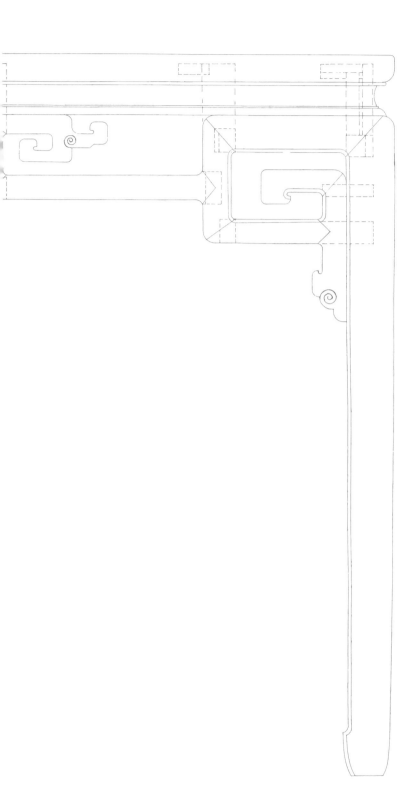

手绘方桌立面榫卯结构示意图

榫卯

腿足锁角榫结构

　　腿足锁角榫、插榫、竖档和工字竖档，通过贯榫
连接子线、束腰而形成闷榫，完成边框和桌下部连接。

边框和桌下部榫卯结构

插榫（一）

　　榫从上向下或由下而上插入卯孔或者直接插入卯孔的榫卯结构称为插榫。这种结构多见于传统木结构建筑中，在明清家具中不常见。

桌下部和子线、束腰榫卯结构

束腰与束腰 45°割角工艺及对接的结构

　　束腰做成插榫和腿相连后，反立面采用 90°去肩，正立面送肩超过腿足部分再做 45°割角，和另一头束腰相连接，正立面把腿足包住，凹线又跟通交圈，使外立面看上去更加温润。

　　如果子线、束腰做成半榫和腿相连，子线、束腰不送肩，就会产生腿为明档的现象，从而影响子线、束腰部分的美观。

　　子线、束腰通过送肩 45°割角工艺，使子线、束腰和腿足结构面增大，从而使摩擦力增强。

束腰上面
腿足与束腰榫卯结构

内立面

正立面

腿足与束腰榫卯结构

插榫

卯

侧面

正立面

手绘腿足与束腰榫卯结构

正立面

手绘腿足与束腰组装件

插榫（子线、束腰与腿足榫卯结构）

插榫是一种比较简单的结构，但是，先辈工匠们的巧妙设计使它显得比较神奇。其神奇之处在于子线、束腰与竖档的结构。在这里，工字竖档通过榫卯与子线、束腰相连接，再通过插榫结构工艺和双肩加夹子工艺，使榫插入腿中，而正立面送肩和另一个方向的肩子通过45°大割角工艺相连。竖档与工字竖档榫卯结构的精确性保证了子线、束腰与腿足紧紧抱合，从而使子线、束腰和四个角呈现出无痕迹交圈。

每条腿足上部的插榫和竖档、工字竖档贯榫都与子线、束腰连接，把方桌的四个面紧紧箍住，而四条腿足又起到稳固定位的作用。

子线、束腰通过榫卯与竖档相连的结构看似简单，但是其作用很大。这种每面使三根竖档定位和四条腿足相连的结构能把四个面抱合得更紧，使得整个器物更加牢固耐用，而且层次感更强。

插榫(二)

上面

子线端头

反立面

腿足与子线榫卯结构

反立面

腿足与束腰组装件

上面

子线与腿足榫卯结构

内立面

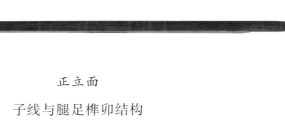

正立面

子线与腿足榫卯结构

大器『煀』成——一张通作柞榛方桌的解析

榫卯

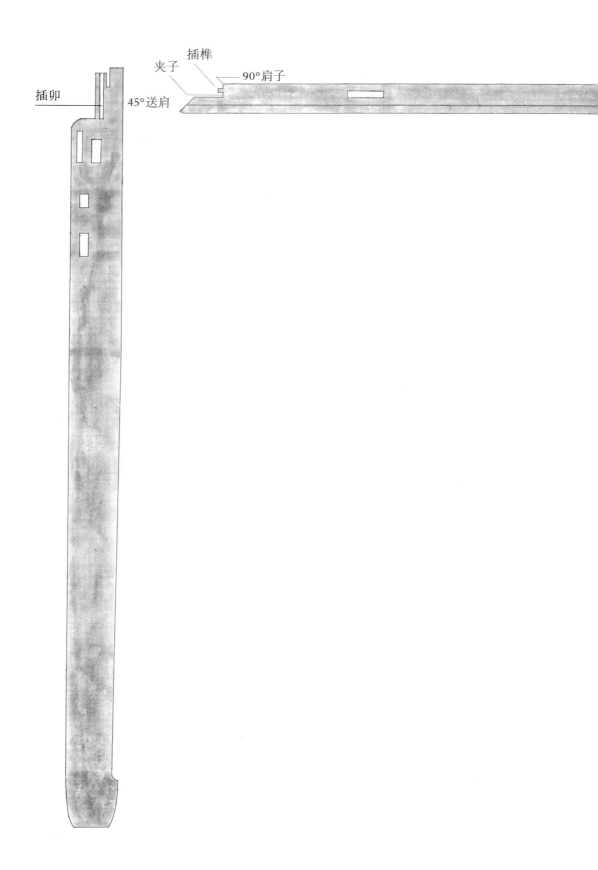

插卯

45°送肩

夹子

插榫

90°肩子

插榫

45°送肩

手绘子线与腿足榫卯结构示意图

插榫（子线与腿足榫卯结构）

子线两边端头做成插榫，从上插到牙条，反面采用 90°平肩，正面出夹子送肩割 45°角，和另一方向的子线相结合，把腿足部分包围在子线中。整个结构严丝合缝，对方桌产生了非常大的箍力。

榫卯

腿足上部与子线组装后俯视图

榫卯

桌下部榫卯结构

桌下部与子线、束腰榫卯结构示意图

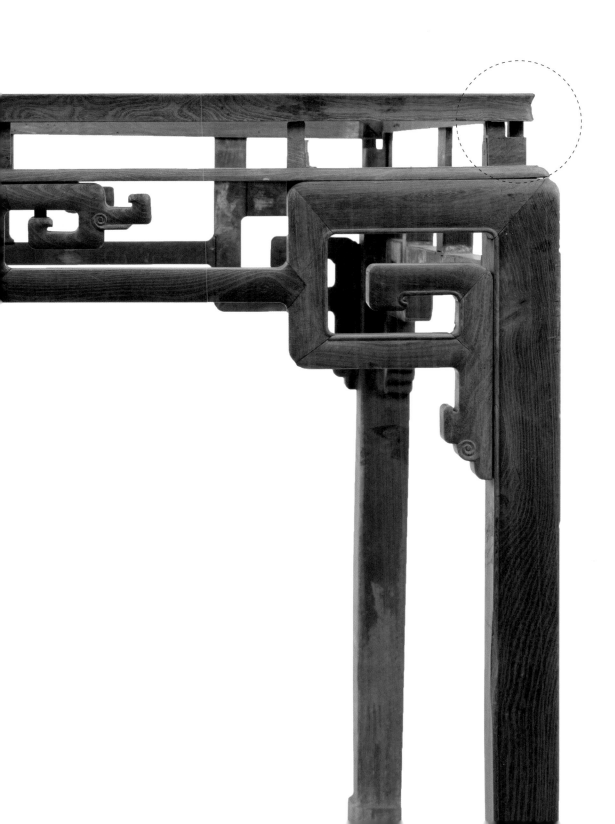

榫卯

桌下部与子线、束腰榫卯结构示意图

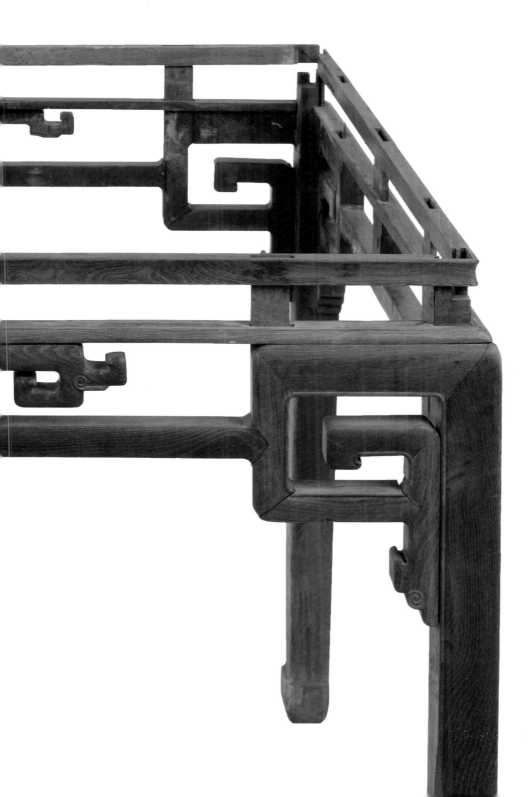

榫卯

桌下部榫卯结构

榫卯

反面

腿端与桌角榫卯结构示意图

锁角榫

　　腿足顶端有两个一大一小的榫，分别插进大边 45° 大割角处及龙凤榫后生成的卯孔内，使桌角牢牢固定而不开裂。这种结构因其作用而得名锁角榫。

反面

腿端与桌角榫卯结构示意图

反面

腿端与桌角组装示意图

腿端与桌面榫卯结构

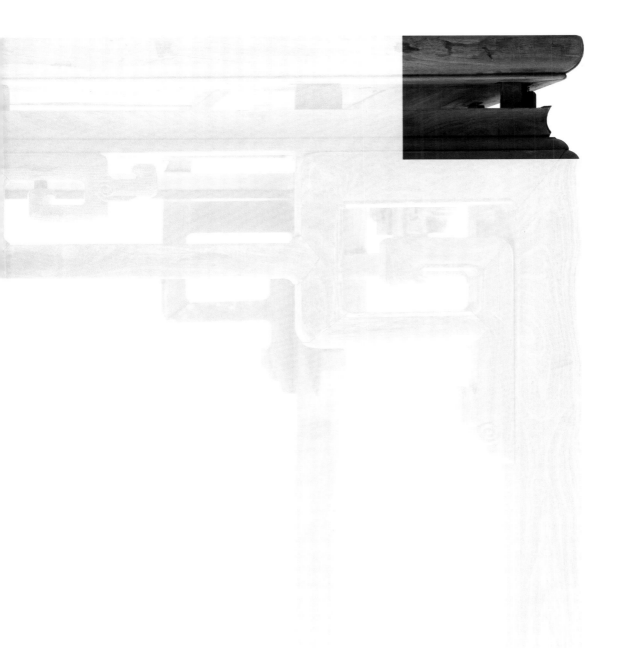

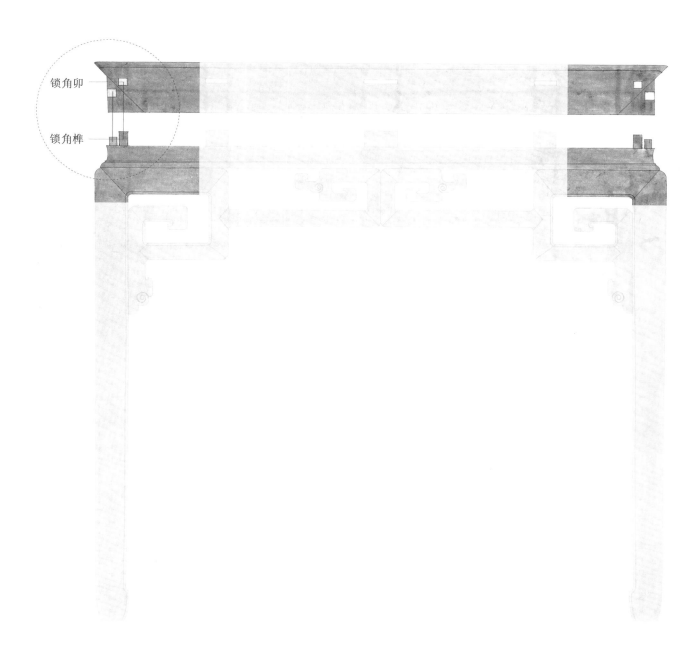

锁角卯

锁角榫

手绘腿足与大边榫卯结构

锁角榫（腿足与大边结构）

锁角榫是通作家具特有的榫种。它在桌腿上端呈左右对角摆放。榫的规格分别为 12 mm×14 mm×14 mm、12 mm×14 mm×22mm。大边与大边之间采用45°大割角工艺。锁角卯设置在边框的四角底面。组装时桌面大边下面的卯口与锁角榫、竖档和工字竖档榫头接合，将桌面牢牢固定住。

凡用锁角榫固定的桌面，其大边一般采用龙凤榫工艺。在这张方桌中，12 mm×14 mm×14 mm的锁角榫通过卯口固定住7 mm×65 mm×65 mm的龙凤榫，12 mm×14 mm×22 mm的锁角榫固定住10 mm×68 mm×40 mm的龙凤榫。这样桌腿与桌面组装好后，会把采用45°割角的大边牢牢锁住。拆卸大边前必须先拆腿。如果腿和面心板组装在一起，则无法拆开，除非将器物损坏。

锁角榫结构的作用：一方面使腿和大边相连接，从而使腿能支撑桌面；另一方面，大边与大边在无胶水情况下会脱落，而锁角榫能起到使大边与大边45°节点角不易绷角的作用。

反面

大边与大边 45°割角龙凤榫（卯）结构

龙凤榫

　　将大边两端做 45°大割角后，分别加工一榫一卯，使相邻的大边端头榫卯契合。这一榫一卯被形象地比喻成龙凤，故该结构被称作龙凤榫。

反面

大边与大边45°割角龙凤榫（卯）组装件

反面

大边一榫一卯(上榫)示意图

反面

侧面

大边榫卯结构示意图

正面

反面

大边榫卯结构示意图

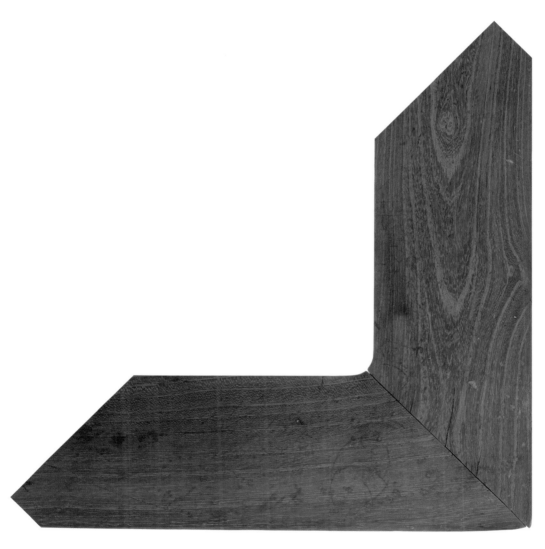

大边组装件示意图

榫卯

正面

大边与面心板榫卯结构

反面

大边、穿带和面心板榫卯结构

锁角卯　　　　竖档卯　　　　工字竖档卯　　　　竖档卯　　　　锁角卯

反面

手绘桌面卯孔示意图（一）

锁角卯

龙凤榫卯　　　　　穿带闷榫

反面

手绘桌面卯孔示意图（二）

榫
卯

下榫

上榫

下榫

上榫

上榫

下榫

上榫

下榫

反面

手绘大边与大边龙凤榫卯结构示意图

龙凤榫（大边与大边大割角榫卯结构）

这是通作家具中比较讲究的一种榫卯工艺。龙凤榫一般用于有面心板的家具，在大边与大边大割角的结构部位。一张方桌有四条大边。而每条大边的两个端头均有一榫一卯。龙凤榫有主榫和副榫之分。主榫的厚度比副榫的稍大些，但宽度却略小。有主榫的两条对应的大边，内侧各有三个卯孔，与穿带出榫接合。另外两条对应的大边，每条大边的两个端头均为副榫。

大边端头呈 45° 大割角，立面榫肩厚度为 12 mm，榫规格为 68 mm×40 mm×10 mm，卯规格为 65 mm×65 mm×7 mm，卯肩厚度为 7 mm；另一端头同样呈 45° 大割角，立面卯肩厚度为 12 mm，卯规格为 68 mm×40 mm×10 mm，榫肩厚度为 7 mm。副榫的规格为 65 mm×65 mm×7 mm，有穿过的卯孔。主榫的规格为 68 mm×40 mm×10 mm，同样有半榫卯孔。在桌面组装过程中，这两种卯孔可以使桌腿和大边利用锁角榫（卯）结构相连接。

龙凤榫结构的力学原理：第一，双榫双卯对整个部件结构不会造成扭角，料与料交节点不会造成翘角。第二，该结构可使摩擦力更大。如用单榫卯结构，其摩擦力只产生在四个面上，而龙凤榫结构的摩擦力产生在八个面上。特别是主榫，在两个方向上产生的摩擦力更大。摩擦力越大，桌面 45° 大割角越不易松动，面心板和面框节点上也越不易出现裂缝。第三，大边用龙凤榫工艺，腿用锁角榫结构，把相邻两条大边的端角卯固得更加紧密。

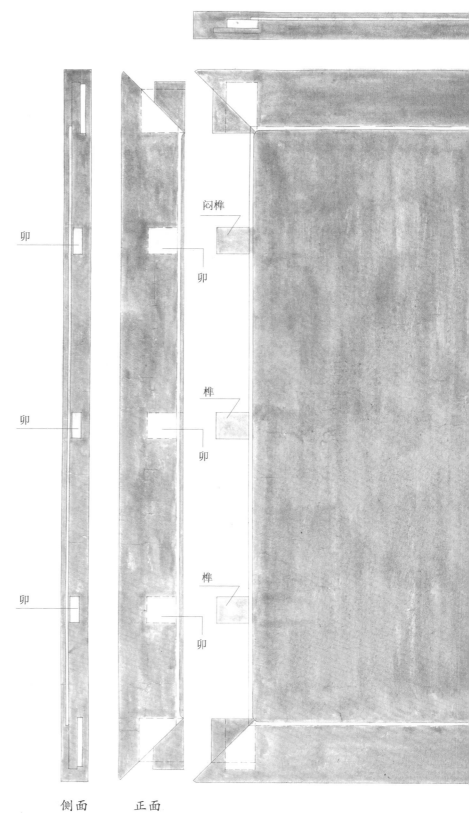

闷榫

卯

榫

卯

榫

卯

卯

卯

卯

侧面　　　正面

手绘大边、穿带和面心板榫卯结构示意图

槽卯

侧面

槽榫

槽卯

槽榫

正面

正面

榫卯

面心板企口榫卯示意图

毛竹拼钉

企口榫

　　两块木板拼接，接边分别做成凸榫和凹槽（卯）的结构叫企口榫。企口榫常用于窄板拼宽，在实木地板中最为常见。

　　面心板企口榫拼板是在传统家具中比较讲究的工艺。拼钉一般有三种：第一种为铁钉，但是，时间长了，铁钉就会生锈，从而影响家具的整体使用寿命。第二种是用柞榛木或其他密度大于 1 kg/m³ 的材料做成的拼钉。这种拼钉对钻孔要求比较高，要求钻孔与钻孔必须对齐，因为如果钻孔与钻孔不对齐，拼钉就会被折断，从而影响家具的寿命。第三种是用青毛竹的竹黄部分做成的拼钉。这种拼钉对钻孔的要求一般。如果孔与孔不对齐（孔与孔偏差不得大于 1.2 mm），毛竹拼钉会弯曲但不会被折断。采用后两种拼钉的拼法都是比较讲究的工艺。

榫卯

正面

面心板拼装示意图

企口榫制作是将面心板的侧面分为三等分，中间为榫，两边为平肩；将面心板的另一侧同样分为三等分，中间为卯。榫卯要紧密接合，组装时才不会出现开裂现象。

面心板示意图

企口榫

手绘面心板企口榫结构示意图

　　虽然企口榫是一种常见的榫卯结构工艺，但是，用在面心板制作上还是比较讲究的。面心板一般采用平面拼缝，而拼钉材料为毛竹（或硬木）。由于采用这种工艺时面心板与面心板之间为柔性接触，因此，面心板与面心板之间不会出现裂缝的现象。

穿带

穿带榫

　　木条以榫头嵌进面板上的燕尾槽（卯），从而固定面心板，使面心板不会隆起。穿带榫因木条贯穿面板如带而得名。

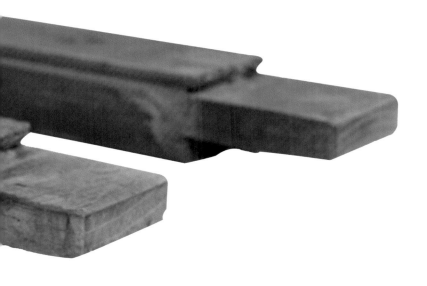

穿带榫端头示意图

榫卯

面心板拼好后，用木工收别锯按穿带榫（燕尾榫）的角度锯制卯槽。

面心板卯槽

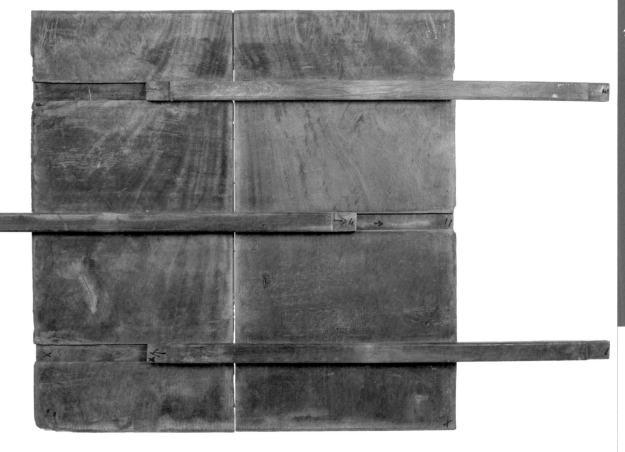

穿带榫（燕尾榫）组装示意图

　　穿带榫是用三根穿带穿过卯槽，其中靠近大边的两根穿带朝同一个方向滑行，中间的穿带朝相反方向滑行。由于穿带榫以两个不同方向的力固定面心板，因此面心板不会松动。

穿带榫组装示意图

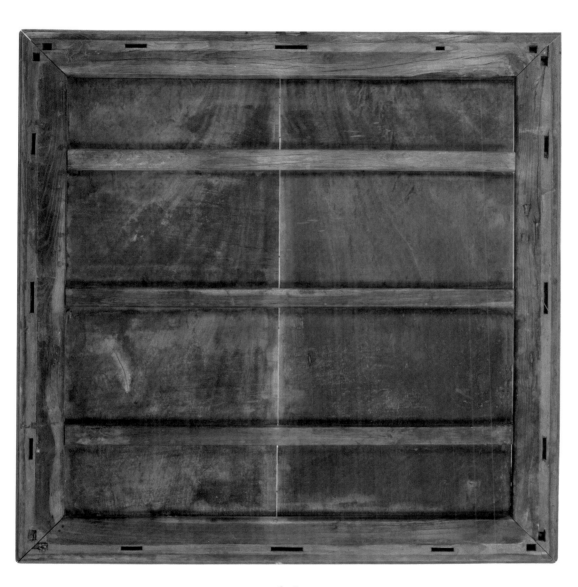

面心板和大边组装件

榫

卯

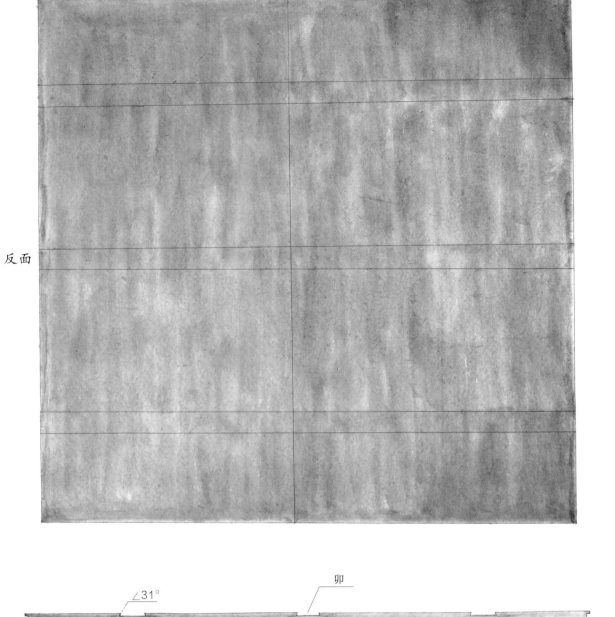

反面

∠31° 卯

剖面

榫

侧面

手绘面心板、穿带示意图

穿带榫（燕尾榫）

穿带榫也叫燕尾榫。穿带共有三根，其中两根靠近桌面大边,中间一根穿带居中，其作用是保护槽榫不起波浪，使面心板板面不轻易起拱。

穿带榫一般有大、小头。两侧穿带朝一个方向滑行，中间一根的滑行方向相反，主要是为了防止面心板往一个方向滑行。穿榫时由小头滑向大头，使面别档越收越紧，从而可以起到固定面心板的作用。

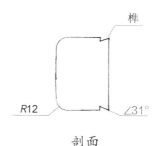

剖面

榫

R12 ∠31°

槽榫

正面

面心板四边槽榫示意图

正面

面心板四边槽榫和大边槽卯结构示意图

榫卯

正面

大边与面心板组装件

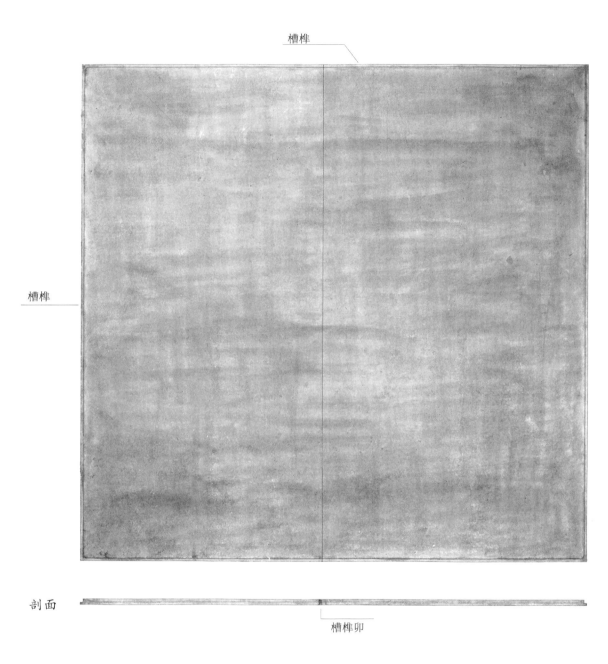

槽榫

槽榫

剖面

槽榫卯

手绘面心板四边槽榫示意图

大器『焼』成——一张通作柞榛方桌的解析

榫卯

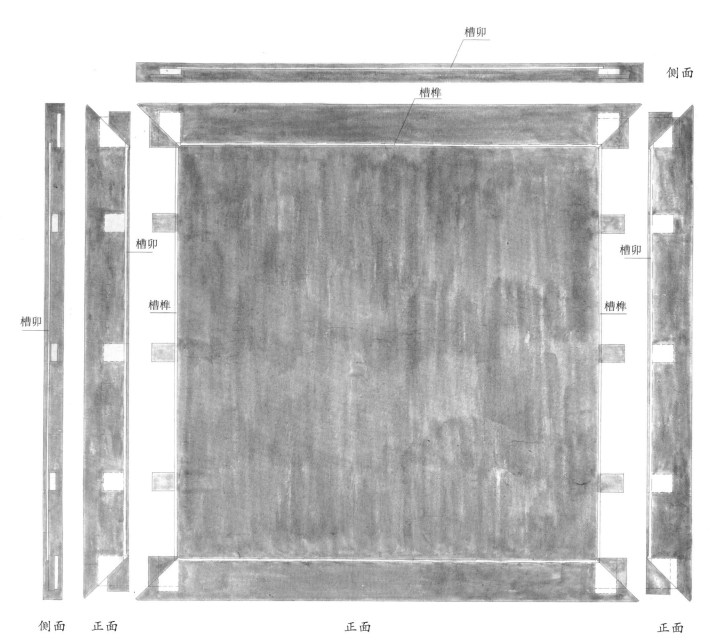

槽卯

侧面

槽榫

槽卯

槽卯

槽榫

槽卯

槽榫

侧面　　正面　　　　　　　　　　　正面　　　　　　　　　　　正面

手绘大边、穿带和面心板榫卯结构示意图

正面

手绘大边和面心板组装件示意图

槽榫（大边与面心板榫卯结构）

用于连接大边与面心板而不透缝的榫卯结构叫槽榫。槽榫与企口榫类似，主要用于板与板之间的连接，也可以用于板与边抹等处结构的连接。

槽榫也是一种常见的榫卯结构。榫的厚度一般是面心板厚度的 1/2 左右，约 5mm。榫卯要紧密接合，否则大边与面心板容易出现松动。

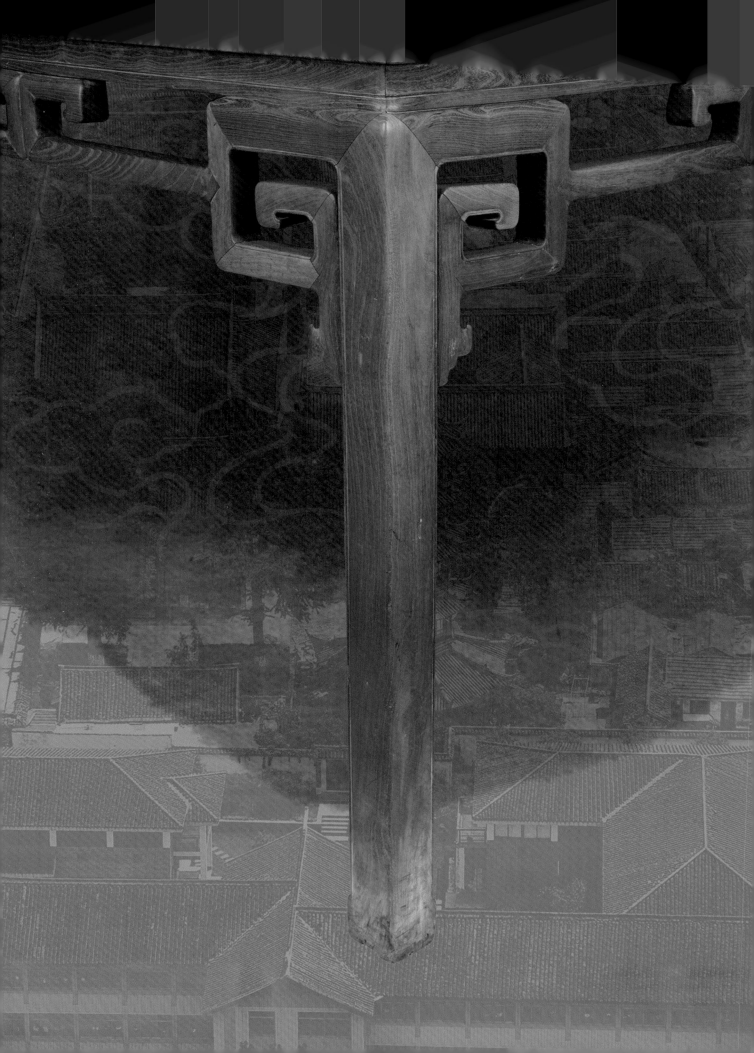

线条

　　家具的线条和书法的线条一样，能够让人从中感受到一种天然的优雅和简朴的设计理念。中国古典家具的线条重简而不尚繁。在满足结构和功能的前提下，线条的运用表现了各部件的轮廓线型变化，使各部件流露出挺拔、优雅的气质。

大边

大边上边缘用圆线 （R=12 mm） 收边。

大边侧面中部用写意指圆线 （R=9.8 mm）。

大边侧下部用冰盘沿线 （R=26 mm） 和阳线 （R=4 mm）。

大边侧面四种线型相互依赖，浑然一体。 大边侧面 R=12 mm 的圆线和面心板外角的 R=12 mm 的圆线呈对角摆布，相互呼应。 这是通作家具特有的线型变化。

一般常见方桌大边外缘用冰盘沿线。此种设计正好与下部腿的阳线相呼应。

大边

大边端头拼合示意图

剖面

手绘大边端头（桌角）解析图

束腰洼线

这是通作家具常见的线型。

清中期方马蹄足或扁马蹄足家具一般采用高束腰开禹门洞工艺。唯有通作家具束腰用洼线线型表现。洼线幅度不大，束腰高度一般为 25 mm 左右。表面仅凹 2 mm 左右。远看觉得凹得不明显，只有近看甚至用手触摸才有洼线的感觉。桌面大边侧面采用凸圆线，束腰则采用洼圆表现，更具美感。

束腰立面造型

R54

手绘束腰解析图

子线、圆线

束腰以下采用子线和圆线。在一根料上使用两款线型，这在同时代的同款家具上很少见。 这种设计是在圆线上口增加一条 2 mm×2 mm 的轮廓线。该轮廓线俗称"子线"。子线向下过渡到圆线。这一构思大大增加了家具的美观度。

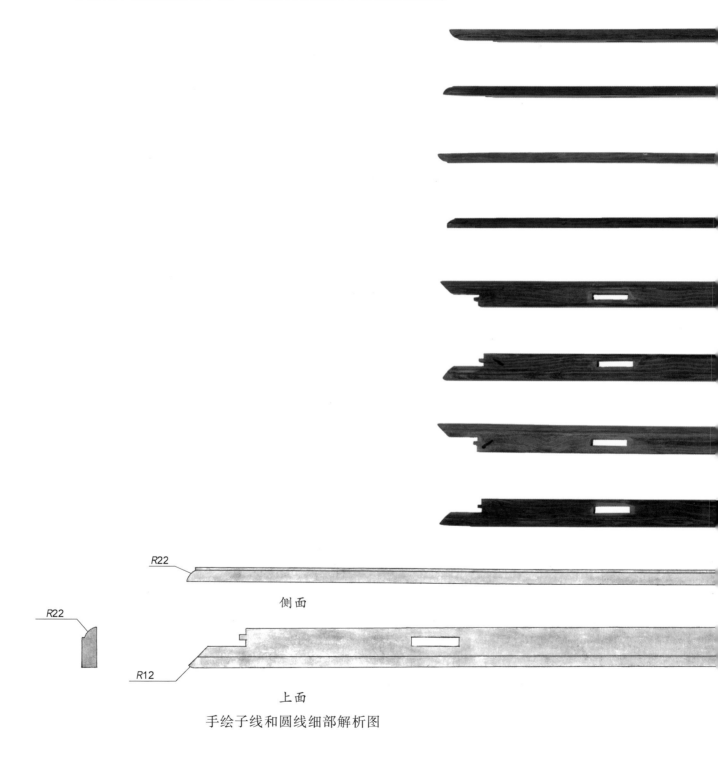

R22

侧面

R22

R12

上面

手绘子线和圆线细部解析图

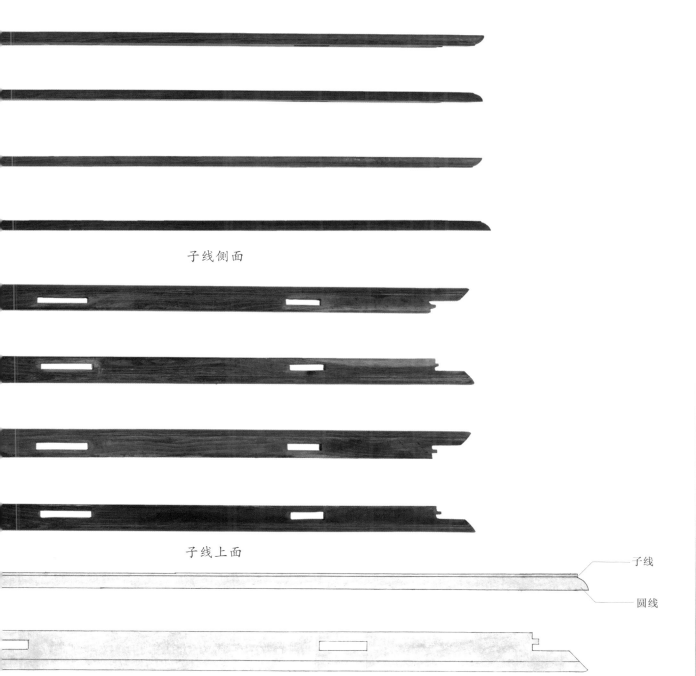

子线侧面

子线上面

子线

圆线

线 条

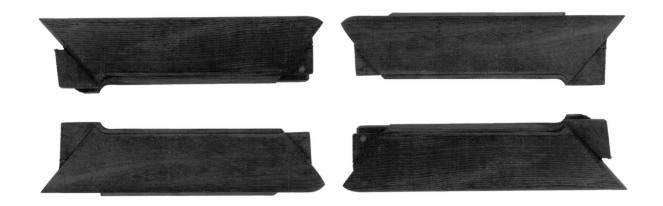

牙条

牙条立面上有三种线型，反面采用 R=3 mm 的圆线收口，从而形成了一根料上有四种线的格局。 牙条和子线交界处采用 R=26 mm 的大圆线。正立面采用 R=14 mm 的指圆线盖面。下部用 R=4 mm 的阳线和腿足跟通交圈。反面用 R=3 mm 的小圆线收口。这种设计使牙条上口 R=26 mm 的大圆线从大边边缘延伸到牙条上口。牙条上口分别出现了指圆线、阳线、洼线和子线，下一个台阶又出现圆线，从而实现了构件之间的完美过渡。

牙条立面造型

∠50.5°   R26
∠50.5°
R4阳线
R12
R16

正立面

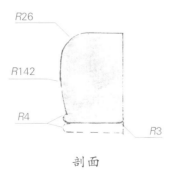

R26
R142
R4
R3

剖面

手绘牙条造型解析图

腿足立面造型

腿足

腿足采用三组对称的线型。

两个外立面都采用 $R=228$ mm 的指圆线。外角和内角都采用 $R=12$ mm 的半圆线。外立面和内立面交界处采用 $R=4$ mm 的阳线和牙条交圈。

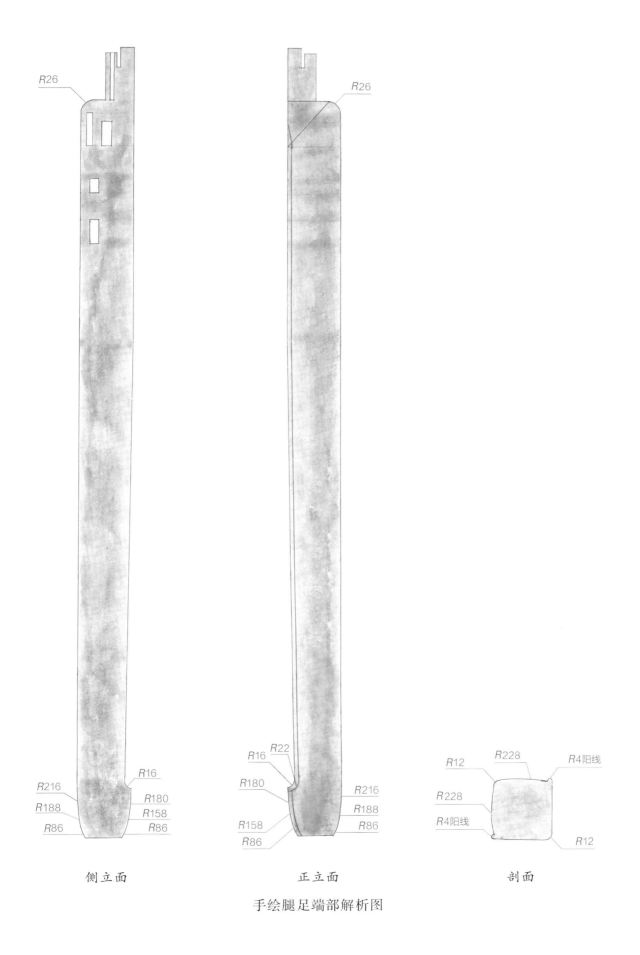

R26

R26

R216
R188
R86

R16
R180
R158
R86

R16 R22
R180
R158
R86

R216
R188
R86

R12   R228   R4阳线

R228

R4阳线

R12

侧立面

正立面

剖面

手绘腿足端部解析图

大器『焌』成——一张通作柞榛方桌的解析

线条

143

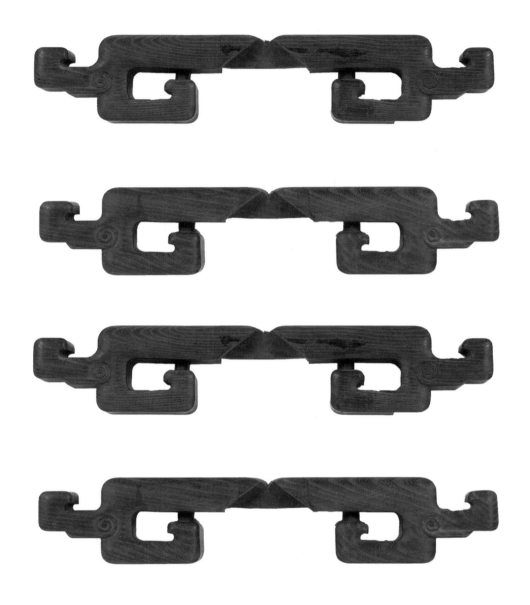

草龙拐儿立面造型

草龙拐儿

　　和子线结合处的牙条一样，草龙拐儿也采用 R=26 mm 的大圆线。正立面采用满面指圆，和侧面汇为一体，反面用 R=3 mm 的小圆线收口。

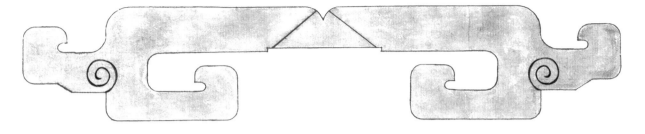

正立面

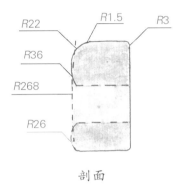

剖面

手绘草龙拐儿细部解析图

工字竖档立面造型

工字竖档

　　工字竖档采用一木连做工艺，中间有一条分线，从立面上看好像由两根料对拼而成，实际是由一根料完成的。正面用 $R=62$ mm 的圆线和草龙拐儿、下拉档跟通交圈，反面用 $R=3$ mm 的小圆线收口。

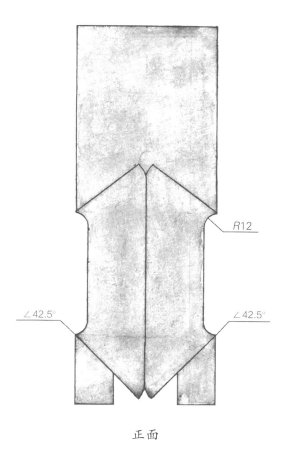

R12

∠42.5°   ∠42.5°

正面

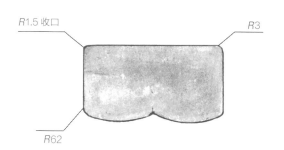

R1.5 收口   R3

R62

剖面

手绘工字竖档细部解析图

下拉档

下拉档正立面采用 $R=112$ mm 的指圆线，反面用 $R=3$ mm 的小圆线收口，和工字竖档及竖档跟通交圈。

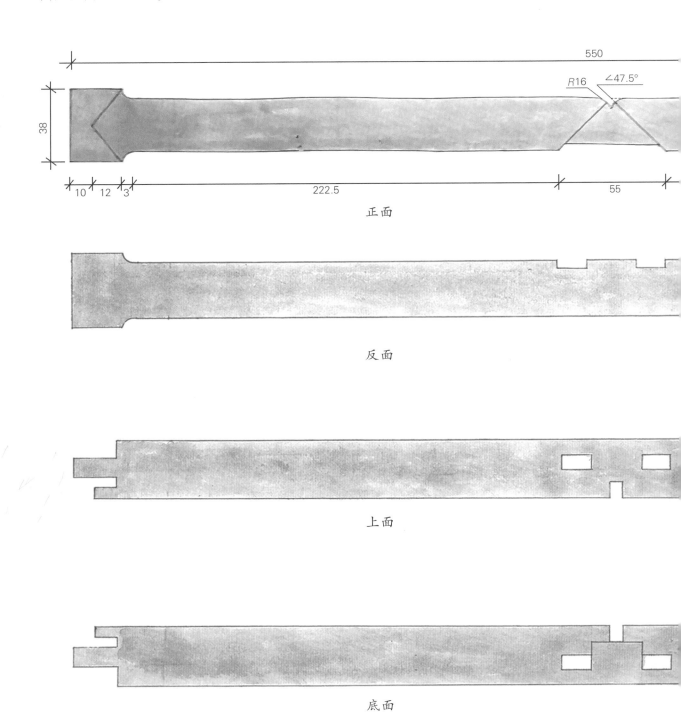

正面

反面

上面

底面

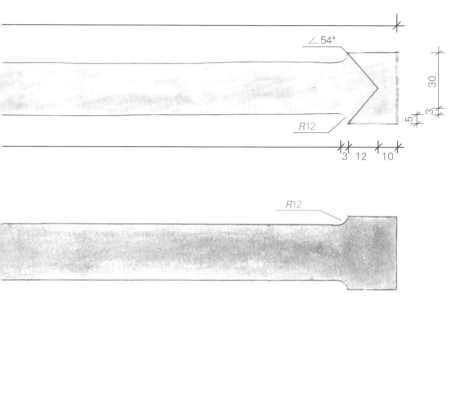

∠ 54°

30

5
3

R12

3 12 10

R12

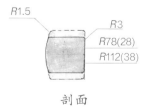

R1.5
R3
R78(28)
R112(38)

剖面

手绘下拉档细部解析图

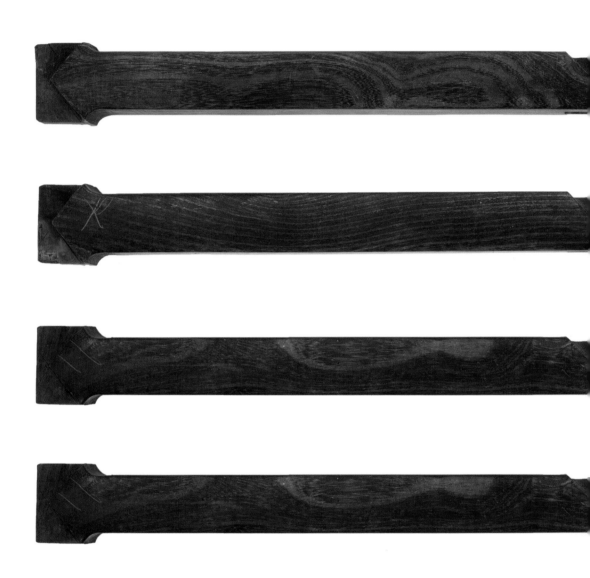

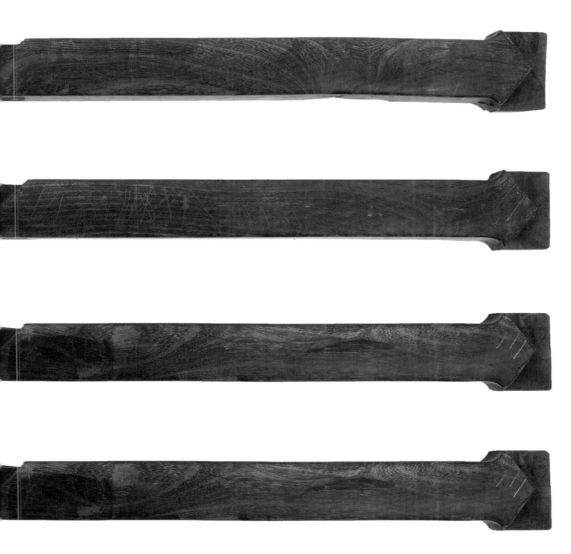

下拉档立面造型

竖档立面造型

竖档

竖档正立面采用 $R=65$ mm 的指圆线和牙条下横档跟通交圈，侧面采用 $R=4$ mm 的阳线和牙条交圈，反面用 $R=3$ mm 的小圆线收口。

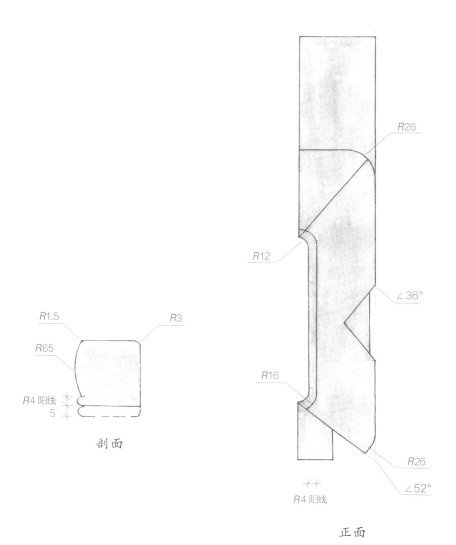

R26

R12

∠36°

R16

R1.5　R3

R65

R4 阳线
5

剖面

R26

∠52°

R4 阳线

正面

手绘竖档细部解析图

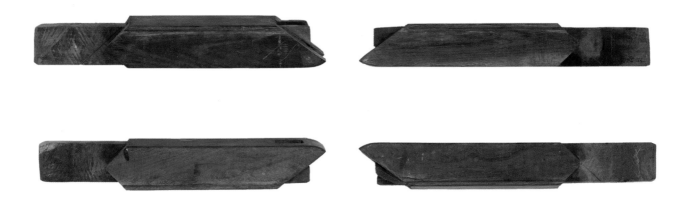

下横档

　　下横档采用 $R=132$ mm 的指圆线。正面采用 $R=4$ mm 的阳线和竖档、靠腿拐儿交圈，反面用 $R=3$ mm 的小圆线收口。

下横档造型

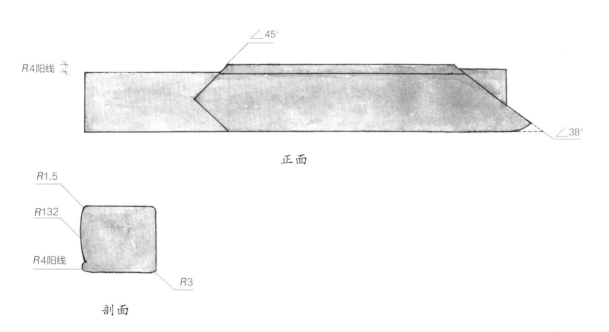

正面

剖面

手绘下横档细部解析图

靠腿拐儿立面造型

靠腿拐儿

靠腿拐儿立面采用 R=65 mm 的指圆线。上部用 R=4 mm 的阳线和牙条跟通交圈，反面用 R=3 mm 的小圆线收口。

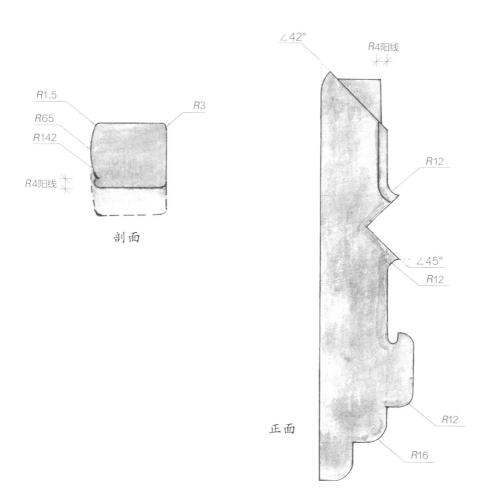

R1.5

R65

R142

R4阳线

R3

剖面

∠42°

R4阳线

R12

∠45°

R12

R12

R16

正面

手绘靠腿拐儿细部解析图

拐儿档

拐儿档立面用 R=66 mm 的指圆线，侧面采用 R=4 mm 的阳线和靠腿拐儿跟通交圈，反面用 R=3 mm 小圆线收口。

拐儿档造型

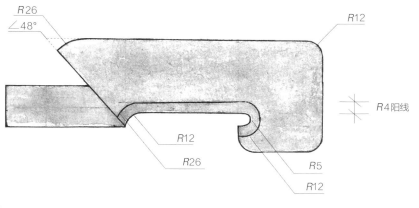

正面

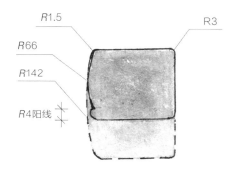

剖面

手绘拐儿档细部解析图

穿带

　　穿带立面双侧采用 $R=12$ mm 的圆线和面心板跟通交圈。值得一提的是，在传统家具中，一般穿带不会用半圆线来表现，只有对工艺精益求精的匠人才会用这种方法。

穿带造型

侧面

R12　∠31°

剖面

手绘穿带示意图

造型

中国古典家具的造型是随着历史的推进而不断创新发展的。它们一方面反映的是各个时代工匠们的艺术修养和工艺水平，另一方面体现了当时人们的风俗习惯和审美情趣，以及各个时代的美学规律和形象法则。

大边

　　这张方桌的大边采用 4 根规格为 84 mm×36 mm×946 mm 的柞榛木料制作而成。大边结合处采用 45°大割角龙凤榫结构。大边与面心板采用 6 mm×5 mm 槽榫结构。大边内侧采用 35 mm×12 mm 卯孔，和穿带榫头相接合。大边底部与竖档、工字竖档以闷榫相连，与腿足上部的锁角榫连接。

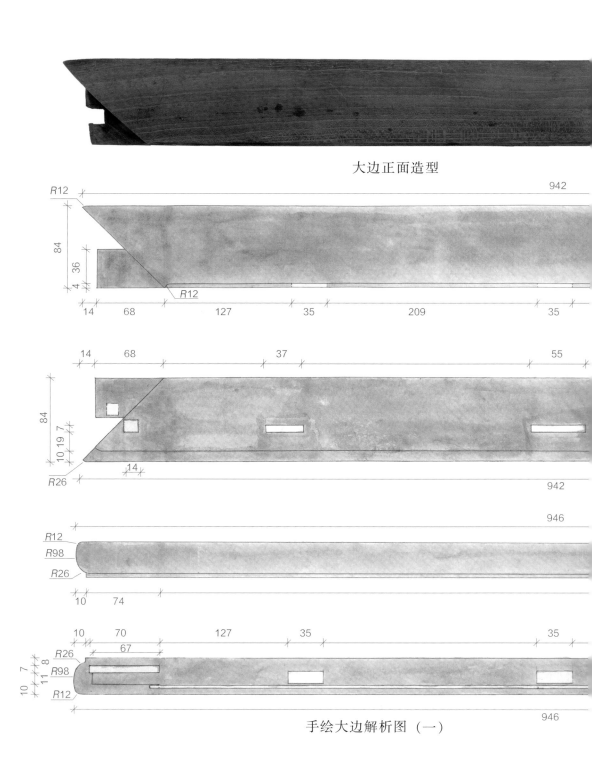

大边正面造型

手绘大边解析图（一）

面心板选用宝塔纹紫金星楠木，采用企口榫对称相拼。桌面大边四个外角与四个内圆角同为 $R=12$ mm 的圆角。通作家具中有"桌子是方的，角是圆的"之说。这体现了南通工匠的独具匠心，也蕴含了中国哲学中"外圆内方"的涵义。大边下部采用 $R=26$ mm 的冰盘沿线，四个角同样也采用圆角表现工艺。

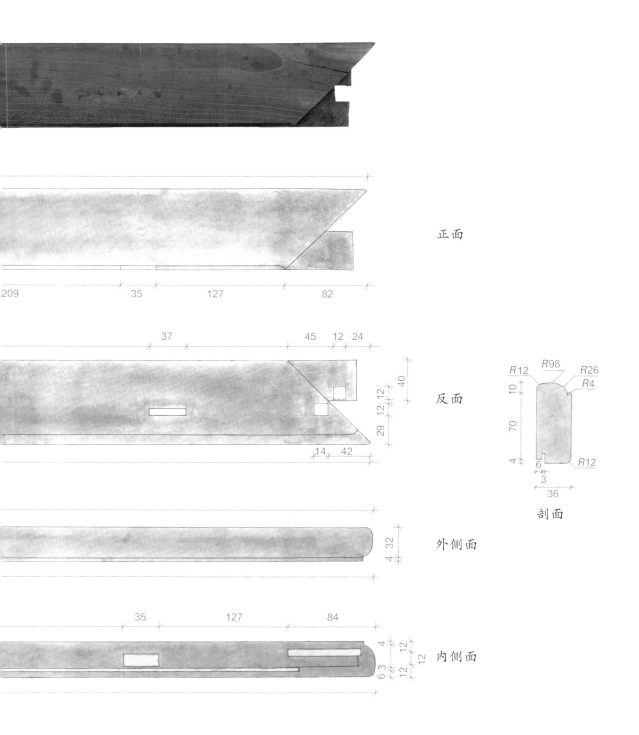

正面

209　　35　　127　　82

37　　45　12　24

反面

40

12 12

29

14　42

$R12$　$R98$　$R26$
$R4$

10

70

4

6

3

36

剖面

外侧面

4 32

35　　127　　84

内侧面

4

12

12

6 3

12

$R12$

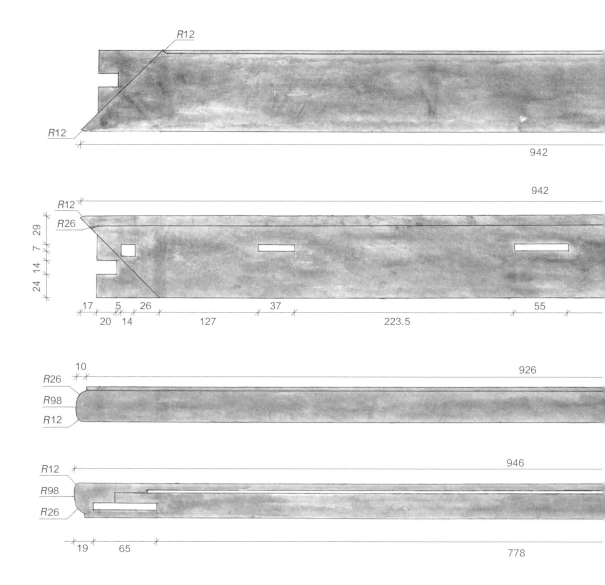

R12

R12

942

942

R12
R26

29
7
14
24

17   5   26
20   14   127   37   223.5   55

10
926
R26
R98
R12

946
R12
R98
R26

19   65

778

手绘大边解析图（二）

大边正面造型

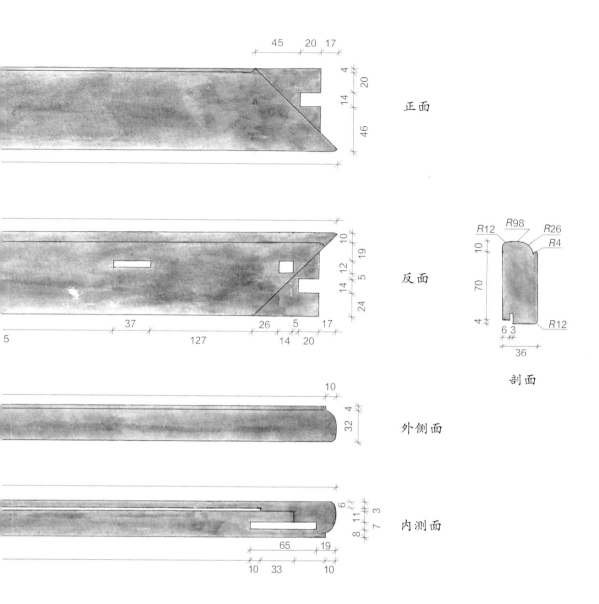

45 20 17

4
20
14
46

正面

10
19
14 12
5
24
14 20

反面

37
5
127
26 5 17
14 20

10
32 4

外侧面

6
3
8 11 7
65 19
10 33 10

内测面

R12 R98 R26
R4
10
70
4
R12
6 3
36

剖面

束腰

束腰采用了 4 根 24 mm×18 mm 的柞榛木料。桌面大边、束腰和子线与竖档和工字竖档以贯榫相连，子线、束腰两端都和桌腿以插榫相连，两端结合处采用 $R=10$ mm 的圆角，这在视觉上有承上启下的感觉。束腰与束腰两端结合处采用 45°割角，然后用锉刀修成 $R=10$ mm 的圆角，从而使手感更加圆润。

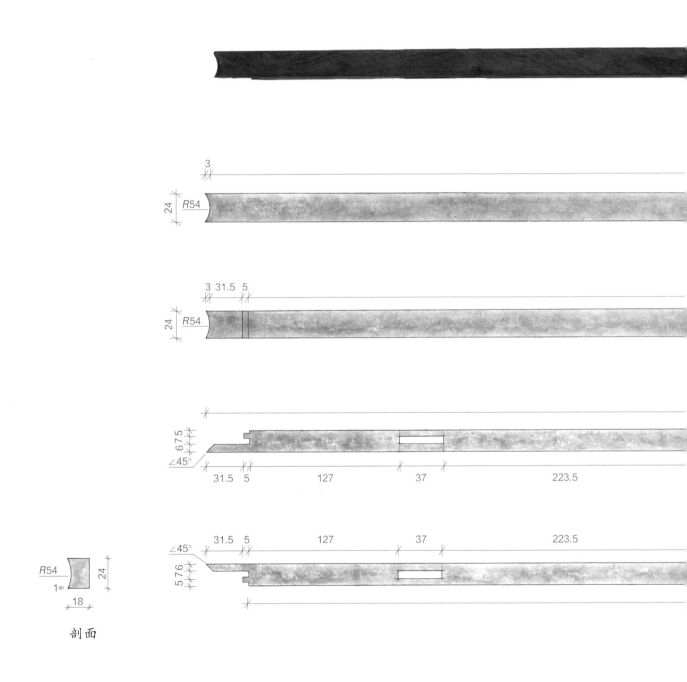

剖面

束腰立面造型

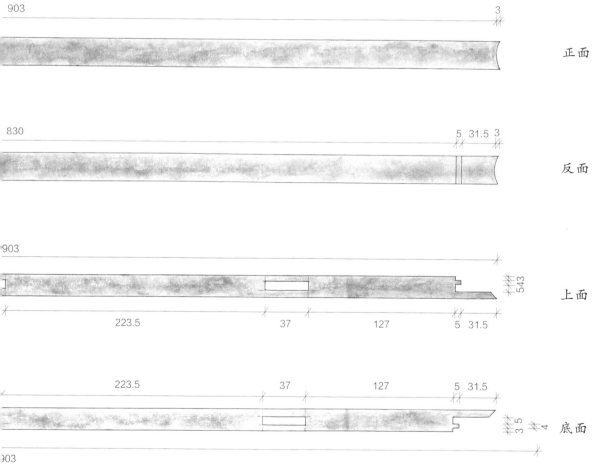

903　　　　　　　　　　　　　　　　　　　　　　　3

正面

830　　　　　　　　　　　　　　　　5　31.5　3

反面

903

543

上面

223.5　　　　　37　　　　127　　5　31.5

223.5　　　　　37　　　　127　　5　31.5

底面
3.5　4

903

手绘束腰解析图

子线、圆线

子线用 4 根 11 mm×30 mm 的柞榛木料制作而成。子线、圆线与束腰一样，都是通过卯口与竖档相连，以插榫与锁角榫相扣，实现与方桌上下部的接合。子线、圆线的造型如线条，不仅具有装饰作用，还与束腰等部件形成箍力，使方桌更加牢固。

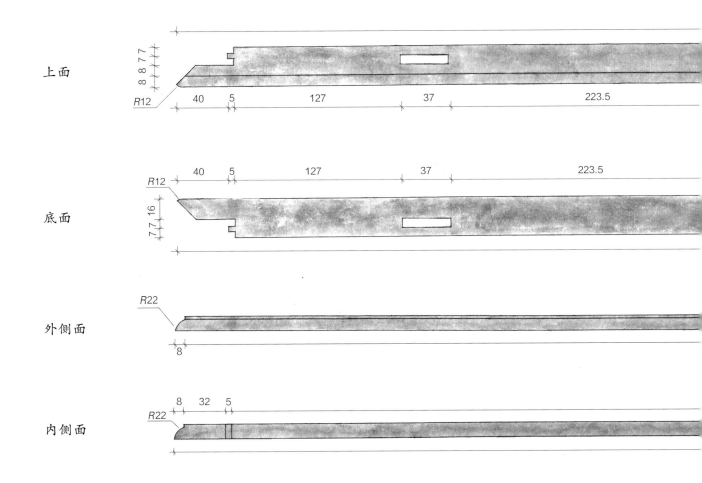

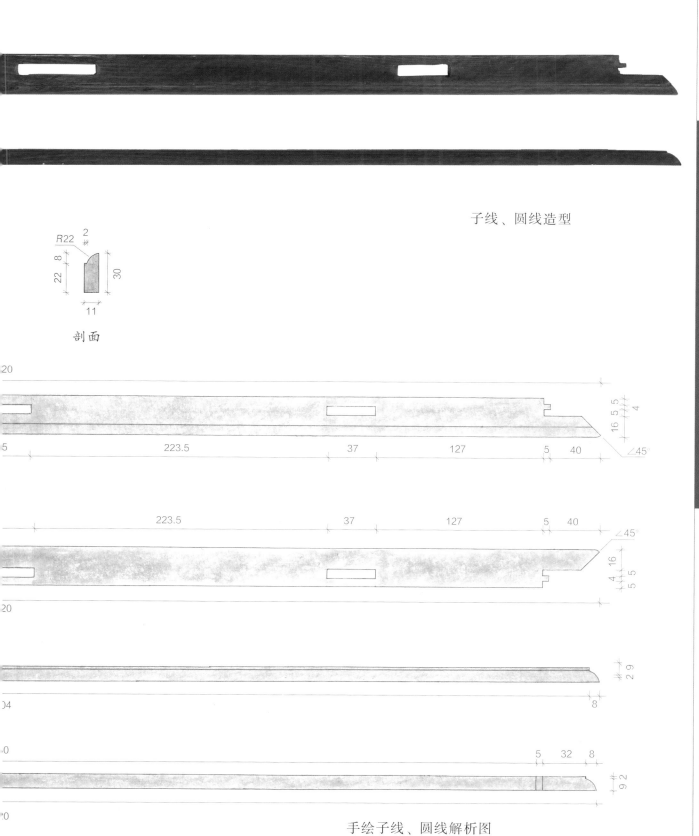

子线、圆线造型

R22   2

22 8   30

11

剖面

20

16 5.5 4

223.5   37   127   5   40   ∠45°

223.5   37   127   5   40   ∠45°

4 16
5.5

20

2 9

8

5 32 8

9 2

手绘子线、圆线解析图

腿足

腿足用 4 根 55 mm×55 mm×831 mm 的柞榛材料做成。腿足为内翻马蹄造型，上连子线、束腰，以锁角榫和大边相扣。腿足的两侧用 R=4 mm 的阳线和牙条交圈。侧面和牙条用子母榫相连，而靠腿拐儿和拐儿档用闷榫相连。腿足采用 48°割角，与牙条的 42°人字割角相连。子线下部 R=26 mm 的圆角和牙条上口圆角过渡到马蹄足上部的直线部分。马蹄足上口为 R=22 mm 圆角，和直阳线交圈。马蹄足两边采用对称半圆抛物线。

腿足侧立面造型

反立面

正立面

手绘腿足解析图

工字竖档

工字竖档用规格为 55 mm×31 mm×155 mm 的柞榛木料制作而成，四面各设一根。档上部为贯榫，连接子线、束腰，上端以闷榫直通大边；档下部为双小贯榫，和下拉档相连。工字竖档一端采用 51°割角，草龙拐儿采用 39°割角，二者以扣夹榫相连。工字竖档另一端采用 42.5°割角，与采用 47.5°割角的下拉档以双出头夹子榫相连。工字竖档侧面和草龙拐儿及下拉档结合处用 R=12 mm 的圆角过渡。

工字竖档立面居中起凹线，使一根竖档在视觉上像是由两根料拼接而成的。反面用 R=5 mm 的小圆角收口。在立面上，工字竖档分线和草龙拐儿及下拉档亦用起 R=16 mm 圆角的方法处理。这样的处理方式让器物更显圆润和秀美，体现了工匠在制作家具时的独具匠心。

工字竖档立面造型

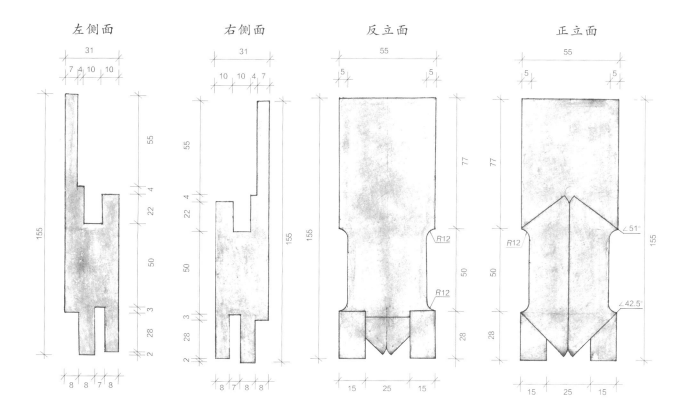

左侧面　　　　　右侧面　　　　　反立面　　　　　正立面

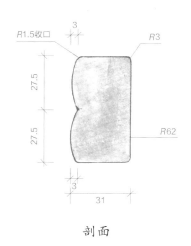

剖面

手绘工字竖档解析图

造型

草龙拐儿

草龙拐儿是草龙纹饰在南通地区的一种变形，是通作家具中常见的并且具有地域性符号的修饰手段。

这张方桌采用 4 根规格为 55 mm×28 mm×282 mm 的草龙拐儿进行装饰，每面各设一根。立面均以工字竖档为中轴线，上连草龙拐儿，下接下拉档。两侧以竖档、牙条、拐儿档、下横档、靠腿拐儿和腿足呈对称式布置。整套部件处处以内圆角和外圆角交替表现，共出现了 4 个 $R=5$ mm 的钩子圆、14 个 $R=12$ mm 的外圆角、2 个 $R=9$ mm 的外圆角、2 个 $R=22$ mm 的外圆角、2 个 $R=16$ mm 的外圆角，以及 2 个 90° 直角、2 个 45° 切角。草龙拐儿两端下方以 90° 直角与 45° 平台交接，使立面更显刚劲。此外，人字肩草龙拐儿上横档起 39° 角，工字竖档起 51° 角，以扣夹榫相连接。侧面再以 $R=12$ mm 内圆表现。

在这张方桌中，这个部位构件最多，尺寸和工艺最复杂，对提高家具美观度的作用也最大。这种制作手法充分体现了南通工匠的不厌其烦和精湛的工艺水准。

草龙拐儿立面造型

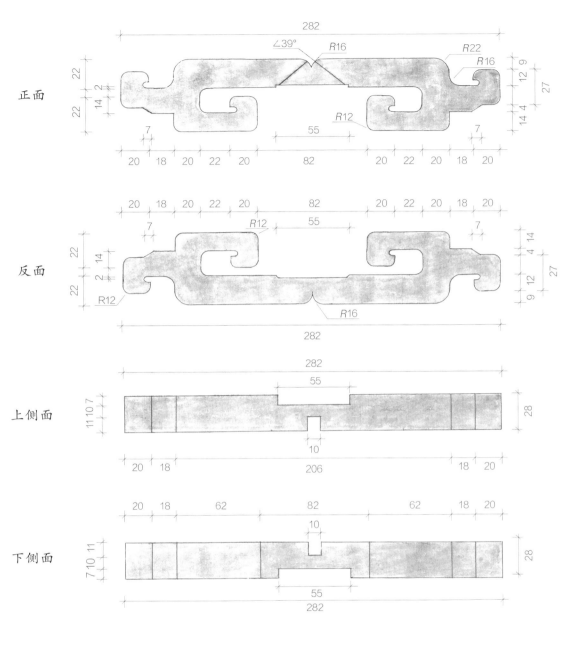

正面

反面

上侧面

下侧面

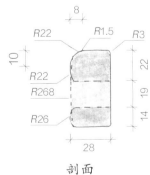

剖面

手绘草龙拐儿解析图

下拉档

下拉档采用规格为 38 mm×31 mm×550 mm 的柞榛木料制作而成，每面各设一根。这种结构不仅能够起到承受拉力和提高器物牢固度的作用，而且还能提升家具的美观度。

在这里，工字竖档起 47.5°角，与下拉档的 42.5°人字割角以双出头夹子榫相连，反面送肩 5mm（反面送肩可起到保护内圆角不受损伤的作用）。

此外，工字档双侧面采用 $R=12$ mm 的内圆，外角（工字竖档中心分线底端的两角）为 $R=16$ mm 的圆角，两面对分形成两个圆角相交接。竖档起 36°角。下拉档起 54°角。立面人字肩反面采用送肩工艺。

下拉档立面造型

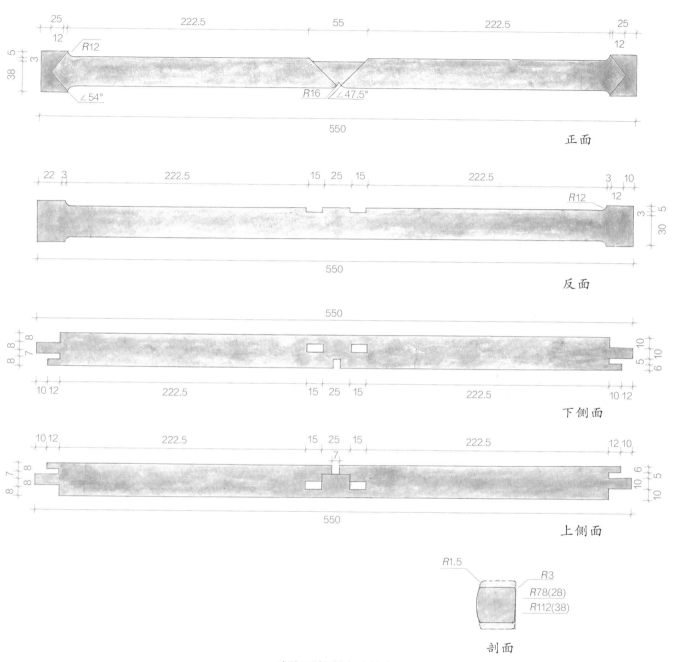

正面

反面

下侧面

上侧面

剖面

手绘下拉档解析图

造 型

竖档立面造型

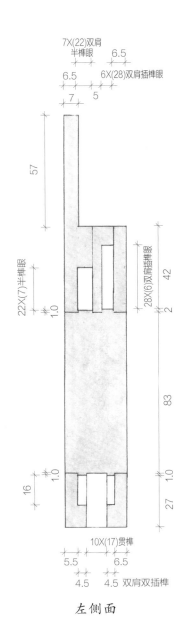

左侧面

竖档

竖档规格为 37 mm×31 mm×213 mm，每面各设 2 根，共 8 根。这套部件在整张方桌中是最为受力的部分，同时亦起到多方面连接的作用。竖档上部以贯榫穿过子线、束腰，以半榫连接大边；上卯以子母榫和牙条相连；中心部位以半榫和下拉档相接；下端和下横档以虎牙榫相连接。这是整个家具中榫卯结构最为复杂的部件。

竖档起 36°角。下拉档正面起 54°人字割角，反面采用 5 mm 送肩，以半榫与竖档连接。人字割角正好在竖档的中心点上，增强了视觉上的观赏性。牙条起 39.5°角，竖档起50.5°人字割角，二者以子母榫相连。内侧 R=12 mm 的内圆、阳线所呈 R=16 mm 的圆角和牙条交圈，R=26 mm 的外角和牙条上圆线相连。下横档 52°角与竖档 38°角以虎牙榫相连。侧面 R=12mm 的内圆角、阳线 R=16 mm 的圆角，和下横档阳线交圈，R=26 mm 的外圆角同样和下横档交圈。

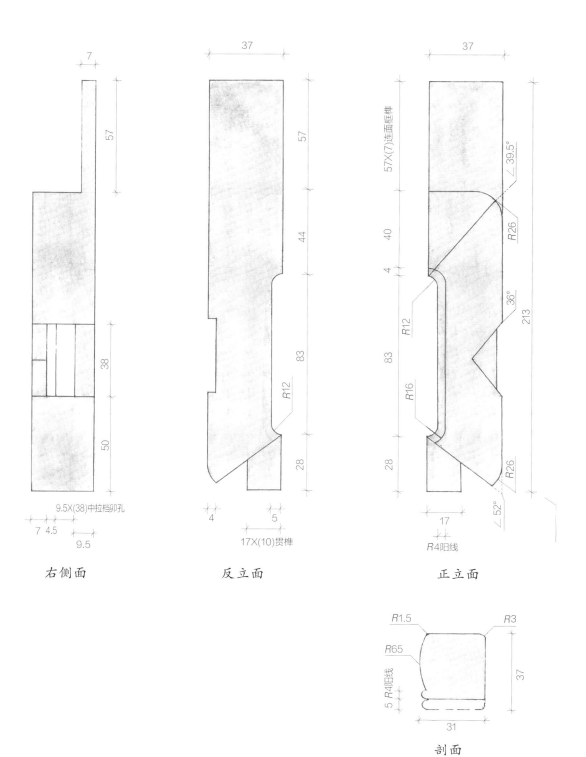

7

57

57

37

37

57X(7)连面框榫

∠39.5°

44

40

R26

83

R12

38

83

R16

4

36°

R12

213

50

28

28

R26

9.5X(38)中拉档卯孔

∠52°

7 4.5

4

5

17

9.5

17X(10)贯榫

R4阳线

右侧面

反立面

正立面

R1.5

R3

R65

37

5 R4阳线

31

剖面

手绘竖档解析图

造型

牙条

　　牙条规格为 49 mm×31 mm×199 mm，每面各设 2 根，共 8 根，其主要作用为连接桌腿和竖档，增强器物的牢固性。

　　牙条与桌腿连接处分别起 49.5°和 40.5°割角，以单面肩子子母榫相连。侧内圆的半径为 12 mm，阳线的半径为 16 mm。牙条与桌腿连接处呈 R=26 mm 的外角。与桌腿圆角交圈起 50.5°角的牙条与起 39.5°割角的竖档也以子母榫连接。榫反面采用 90°平肩，使用了子母榫送肩工艺。这里的两个不同连接部位采用了子母榫的两种工艺方法。

牙条立面造型

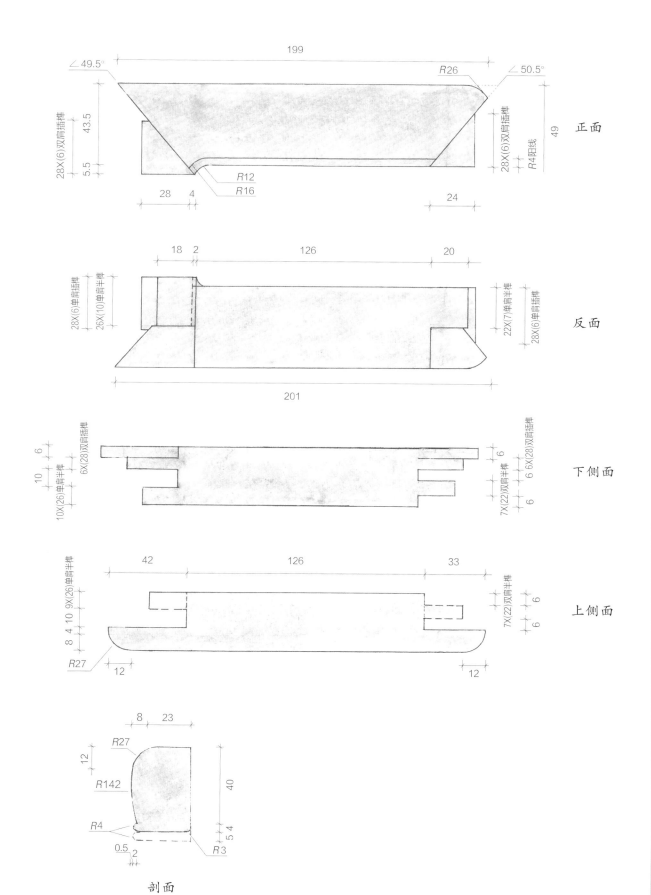

正面

反面

下侧面

上侧面

剖面

手绘牙条细部解析图

下横档

下横档规格为 28 mm×31 mm×189 mm，每面各设 2 根，共 8 根。

下横档起 45°角的人字肩，反面送 5 mm 平肩，和靠腿拐儿以贯榫相连后，与桌腿再以闷榫相连接。双侧面形成 R=12 mm 的内圆和 R=16 mm 的阳线交圈。

下横档起 38°角，竖档起 52°大割角，以虎牙榫相连接。连接后，侧面呈 R=12 mm 的内圆角，阳线呈 R=16 mm 的圆角，外角为 R=26 mm 的圆角。以这种方式设计圆角使家具更美观。

下横档立面造型

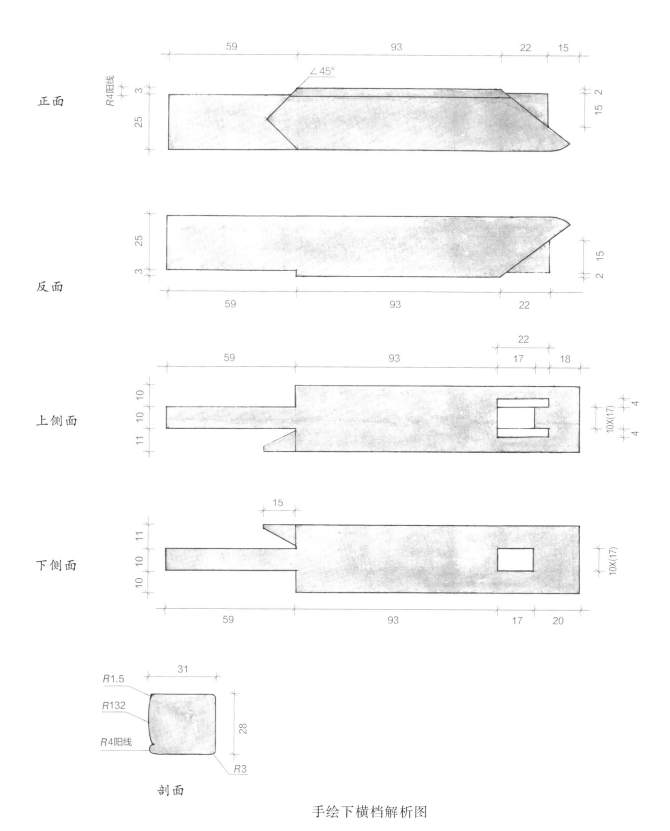

正面

反面

上侧面

下侧面

剖面

手绘下横档解析图

靠腿拐儿立面造型

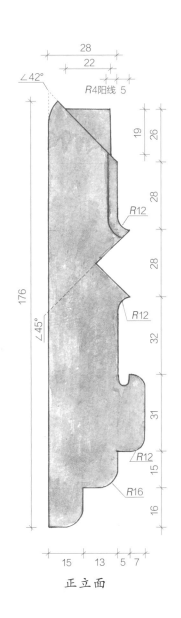

正立面

靠腿拐儿

靠腿拐儿为方桌下横档、拐儿档和腿结构中的部件，在方桌中起过渡和装饰作用。其规格为 40 mm×31 mm×176 mm，每面各设 2 根，共 8 根。

靠腿拐儿起 42°角，拐儿档起 48°大割角，二者以虎牙贯榫相连。靠腿拐儿内侧和拐儿档形成 R=12 mm 的内圆角，R=16 mm 的阳线也呈内圆角，外角形成 R=16 mm 的外圆角。同时，另一端起 45°角，和下横档人字割角以贯榫相连，双侧面形成内圆角。下部 R=5 mm 勾子圆做成拐儿纹饰，R=12 mm 的外圆和下横档 R=12 mm 的内圆呈对称状态。直角过渡为 R=16 mm 的外圆角，再形成直角层次。外角形成 R=16 mm 的圆角，直至以 90°角收尾。

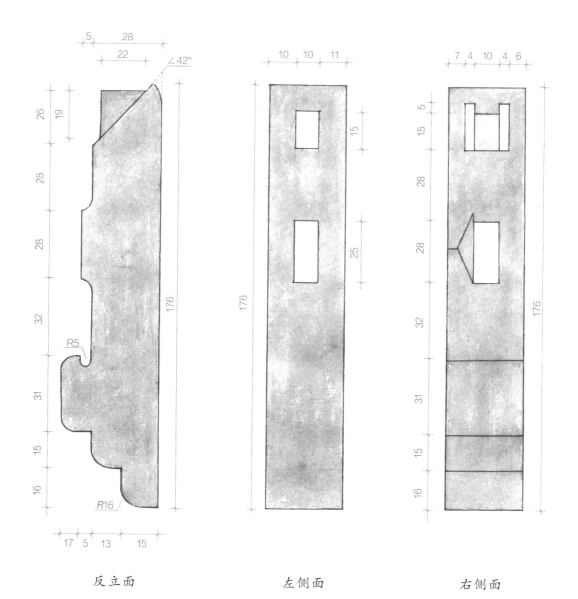

反立面   左侧面   右侧面

剖面

手绘靠腿拐儿解析图

拐儿档

拐儿档是这张方桌所有部件中唯一以拐儿纹为名称的独立部件。其规格为 40 mm×31 mm×112 mm，每面各设 2 根，共 8 根。

拐儿档起 48°角，与靠脚拐儿 42°大割角以虎牙贯榫连接后，再以闷榫与腿足相连接。内侧呈 $R=12$ mm 的圆角，阳线呈 $R=16$ mm 的圆角，外角形成 $R=26$ mm 的外圆角。拐儿档端头两角呈 $R=12$ mm 的圆角，内侧为 $R=5$ mm 勾子圆造型。

拐儿档立面造型

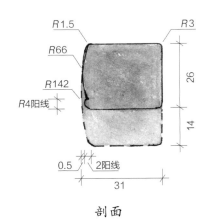

剖面

188

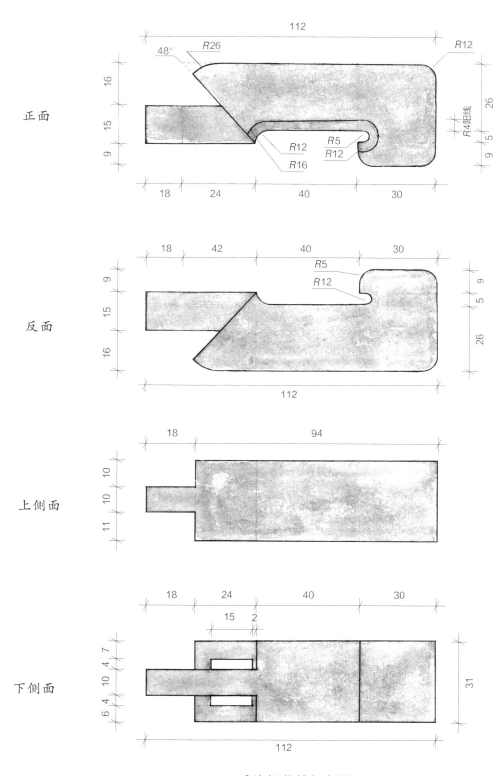

正面

反面

上侧面

下侧面

手绘拐儿档解析图

穿带

穿带位于面心板背面，出榫与大边榫卯结合，共有 3 根，有固定面心板和增强面板荷载力的作用。其规格为 35 mm×26 mm×870 mm。

穿带两个侧面均开 31°角，采用 35 mm×5 mm 燕尾榫结构。穿带穿过面心板，以闷榫和大边相连接。双侧平面 $R=12$ mm 的圆线和大边内侧 $R=12$ mm 的圆线跟通交圈。

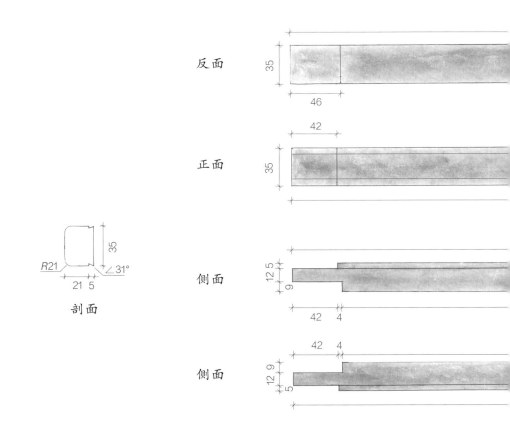

剖面

面别档造型

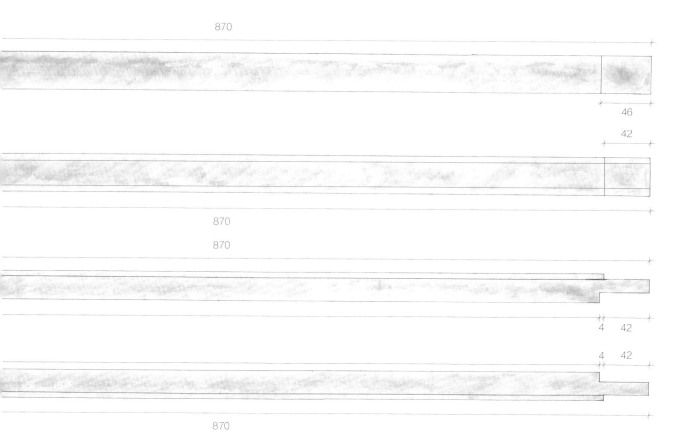

870

46

42

870

870

4 42

4 42

870

手绘穿带榫解析图

方桌部件集锦 （一）

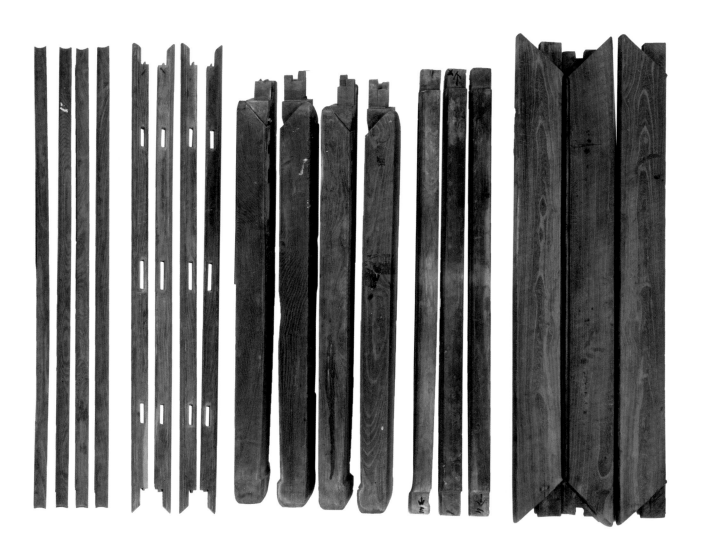

方桌部件集锦 （二）

造　型

方桌局部

方桌正立面

方桌反面

造　型

195

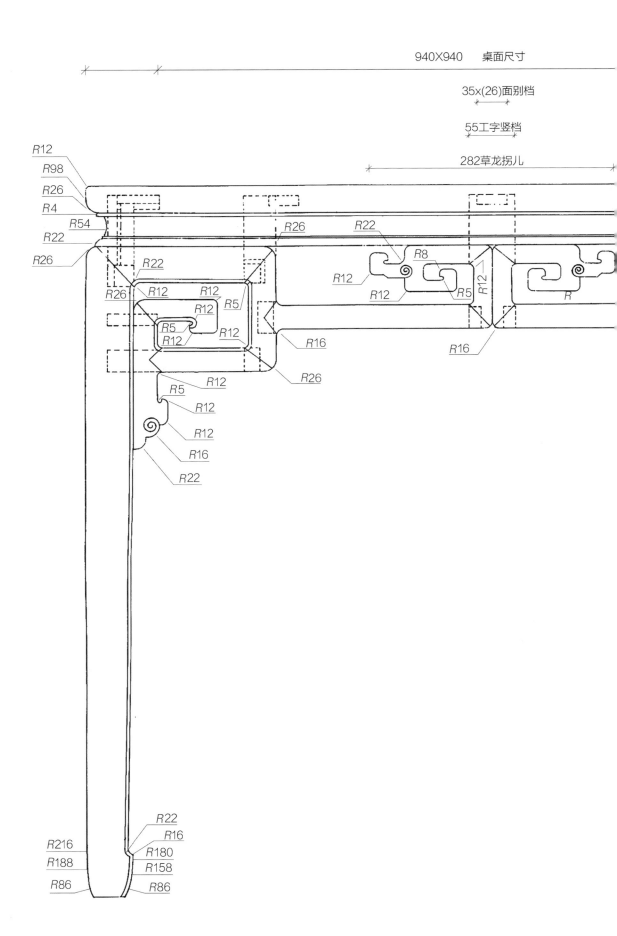

940X940　桌面尺寸

35x(26)面别档

55工字竖档

282草龙拐儿

R12
R98
R26
R4
R54
R22
R26
R22
R26
R12
R12
R5
R12
R5
R12
R12
R12
R5
R12
R26
R12
R16
R26
R26
R22
R22
R8
R12
R12
R5
R12
R
R16
R16

R216
R188
R86
R22
R16
R180
R158
R86

196

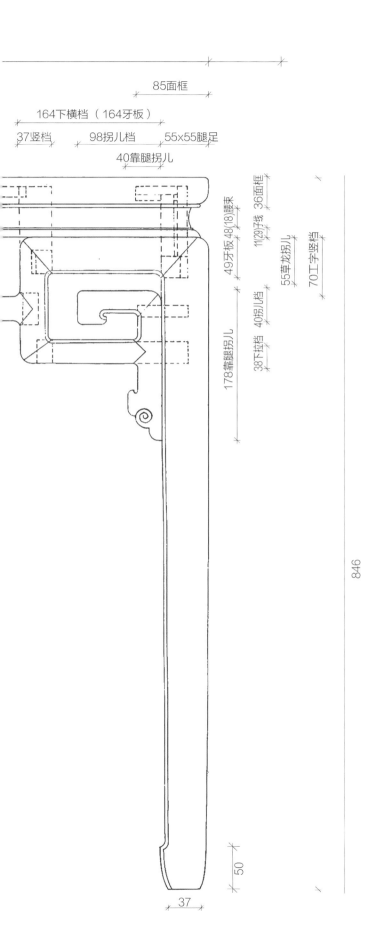

85面框

164下横档（164牙板）

37竖档　　　98拐儿档　　　55x55腿足

40靠腿拐儿

49牙板 48(18)腰束

11(29)子线　36面框

55草龙拐儿

70工字竖档

178靠腿拐儿

38下拉档　40拐儿档

846

50

37

手绘方桌部件解析图

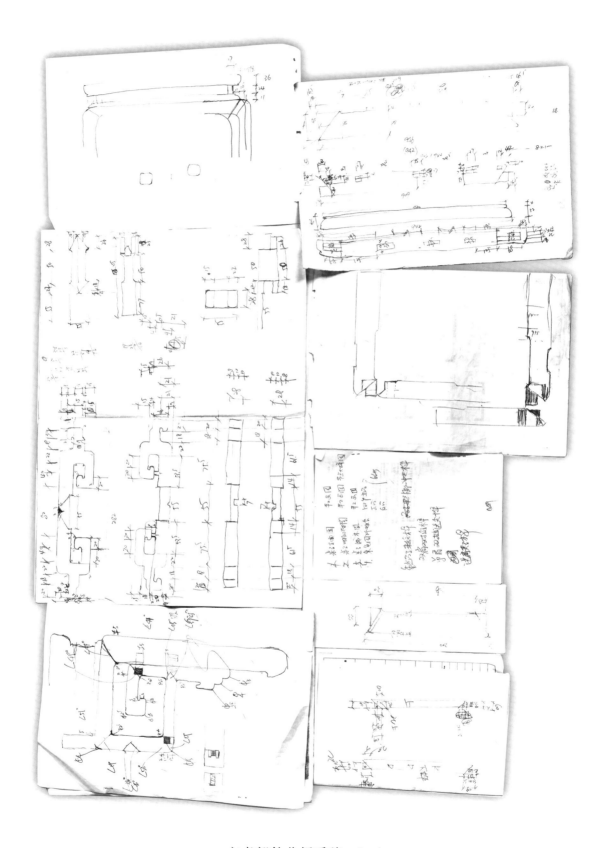

方桌部件分析手稿 （一）

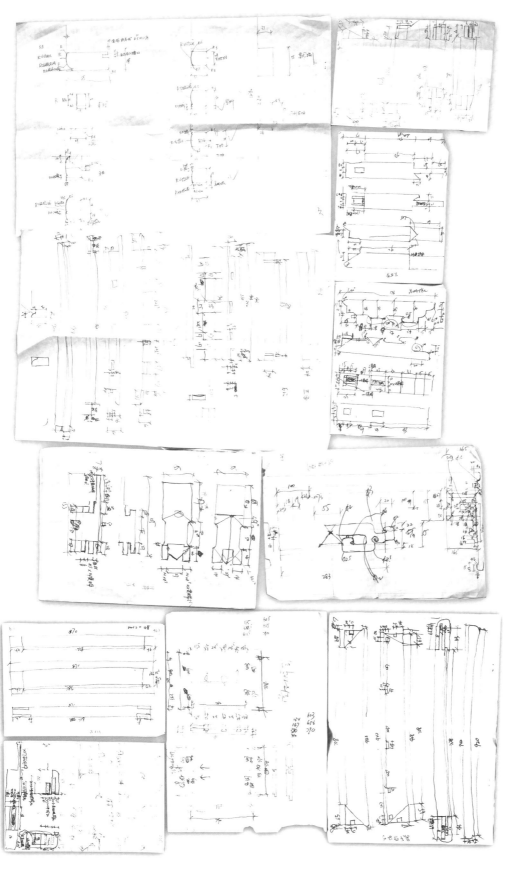

方桌部件分析手稿　（二）

纹饰

纹饰是一种抽象的或符号化的装饰方式。其基本属性一般有两种：一种是装饰性，另一种是寓意性。拐儿纹是通作家具上有着显著地域特征的符号，最能代表南通工匠的制作技艺和艺术水准，同时还有提升器具牢固度的功能。

草龙拐儿

草龙拐儿纹饰是由中国古代青铜器上的夔龙纹演变而来的。南通工匠称其为"蝌蚪纹"。

这张方桌的草龙拐儿纹饰由 4 根 55 mm×28 mm×282 mm 的木料构成，每面各设置一根，为典型的乾隆时期"和尚头"纹饰造型。

在使用这种纹饰时，南通工匠一般利用制作大件时剩下的小料或零料进行雕刻，并通过榫卯结构进行连接。这一既经济实用又体现工匠工艺水平的制作方法一般只有在通作家具上才能见到。

草龙拐儿正面图

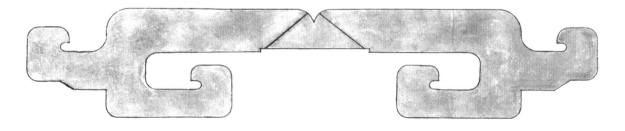

手绘草龙拐儿正面图

手绘靠腿拐儿正面图

靠腿拐儿

靠腿拐儿，顾名思义，是位于家具腿足部位的结构。8 根规格为 40 mm×31 mm×176 mm 的靠腿拐儿分 4 面设置，每面 2 根。靠腿拐儿在腿与下横档之间，起过渡作用，同时具有极强的装饰作用。

在制作过程中，工匠将拐儿的上部分切掉 12 mm 做成钩子，将下端做成两个台阶圆角，形成木鱼形状。靠腿拐儿既能使家具在结构上更加牢固，又能使家具在视觉上更加美观。

靠腿拐儿正面图

拐儿档

与靠腿拐儿的设置方式一样，拐儿档同样是每面对称各设两根，每根的规格为
40 mm×31 mm×112 mm。

此拐儿档造型似"和尚头"，故被南通工匠称为"和尚头拐儿"。它与下部的靠腿拐
儿以榫卯结构相连，形成"L"形造型。与靠腿拐儿不同的是，这里的拐儿纹饰为钩子形
状，外面为方身三面收边，里口起阳线，并与靠腿拐儿交圈。整个造型显得十分干净利
落。

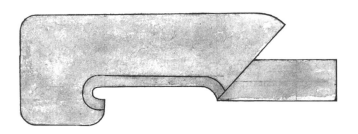

手绘拐儿档正面图

拐儿档正面图

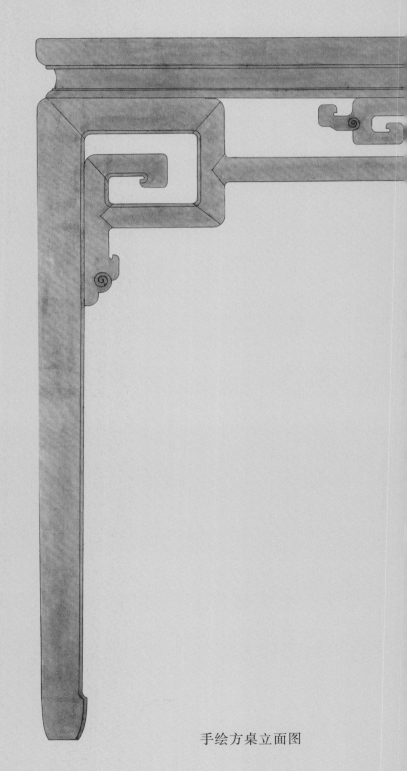

材美而堅工樸而妍
假而為憑逸我百年

羅榮 題

手绘方桌立面图

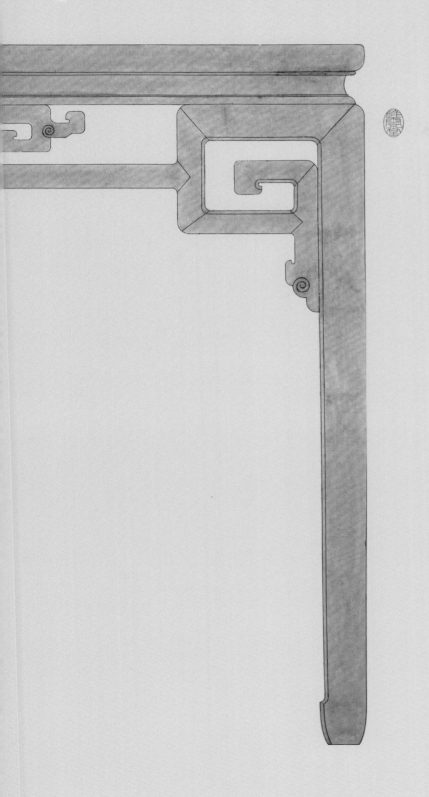

拐儿纹八仙桌榫卯一览表

榫卯结合点	榫数量	单位	卯数量	单位	备注(榫种)
穿带与大边	6	个	6	个	半榫
面心板与面心板	1	个	1	个	企口榫
面心板与大边	4	面	4	面	槽榫
大边与大边	8	个	8	个	龙凤榫
大边与腿足	8	个	8	个	T型扣角榫
大边与竖档、工字竖档			12	个	半榫
束腰与竖档、工字竖档			12	个	贯榫
子线与竖档、工字竖档			12	个	贯榫
腿足与束腰及子线	8	个	8	个	插榫
下拉档与竖档	8	个	8	个	半榫
工字竖档与草龙拐儿	4	个	4	个	扣夹榫
工字竖档与下拉档	4	个	4	个	双出头夹子榫
竖档与牙条	16	个	16	个	子母榫
竖档与下横档,靠腿拐儿与拐儿档	48	个	48	个	虎牙榫
靠腿拐儿与下横档	8	个	8	个	贯榫
腿足与牙条	16	个	16	个	子母榫
腿足与下横档及拐儿档			16	个	半榫
大边与竖档、工字竖档	12	个			半榫

940×940×849 拐儿纹八仙桌配料表

名称	长×宽×厚/mm³	单位	数量	备注
大边	940×860×36	根	4	
束腰	895×24×18	根	4	
子线	916×30×11	根	4	
牙条	207×49×32	根	8	
草龙拐儿	282×55×30	根	4	
工字竖档	158×53×30	根	4	
下拉档	546×38×30	根	4	
竖档	212×36×30	根	8	
腿足	834×55×55	根	4	
下横档	195×28×30	根	8	
拐儿档	134×39×30	根	8	
靠腿拐儿	180×41×36	根	8	
穿带	892×35×25	根	3	
面心板	784×784×10	片	1	面心板无论由几片相拼,只能按1片计数

配料共有 14 组。14 组配料中所出现的几何尺寸无一雷同。

方桌的摆放和坐桌子的规矩

自古以来，我国汉族家庭中，不论贫富，通常都会有一张方桌。

方桌是一种独具特色的中国传统家具。其面呈正方形，规格有大小之分。方桌在结构上有无束腰和有束腰两种，在这两种基本造型的基础上也有在局部做不同处理的。方桌有八仙桌和四仙桌之分。前者约 110 cm 见方，后者约 86 cm 见方。

五里不同风，十里不同俗。南通民居多为一进三堂（或一进五堂）的架构，而方桌在房屋内的摆放有一定的乡规民约。

放在堂屋正中的方桌一般为八仙桌。大户人家厅堂中的方桌，做工讲究、材料上乘，面心板一般由两块或三块等边材料相拼，材质一般为南通地产柞榛木或老红木、金丝楠木，显得很有档次。八仙桌面心板的拼缝对着大门方向，两边各摆放一张太师椅。

方桌的后面紧靠后墙的是一张翘头案或平头案。正中摆放本钟。钟架多用黄花梨、紫檀、老红木等上等材料制成。一对帽筒对称摆放。案两边各有一张花几，上置盆景。方桌上平时摆放上等木制茶盘（起到保护桌面的作用）。茶盘上放置紫砂茶壶、茶杯、茶叶及茶食。桌面上绝不许放置衣服和其他杂物。逢年过节，案上则摆放主人的父母、祖父母（一般两代）的遗照及鲜花、水果等供品。

厅堂的两边各摆放三张太师椅和两张茶几。茶几上摆放着带托盘的茶杯及茶点。如果是规格更高的厅堂，正中还要摆放一张圆拼台。台上有带底座的瓷花瓶，且瓶中插满鲜花。

会客时分宾主落座。主人坐上首（东），来宾坐下首（西）。主方陪客坐东边椅子，对面坐来宾陪客。家里遇喜事，儿子、儿媳拜见父母、公婆时，也是男主人坐上首，女主人坐下首，两边椅子则供长辈就座。

在民间，八仙桌有大小面之分。没有桌缝的边称为大面，有桌缝的边称为小面。大面和小面还有主次之分。按南通本地风俗，宴请时，方桌竖摆，即桌缝顺着椽子的方向与横梁垂直，对着大门，大面朝东西方向；而逢年过节或祭祖时，为显敬重之意，方桌要转方向，也就是说，桌缝不对着大门方向，而是对着客厅两边方向，在活动结束后方桌再恢复原来的摆放形式。

民间一般按照辈分、年龄和社会地位来排座（如下图所示）。堂屋（朝南）中的八仙桌大面为尊位，其中：东北位置①是上首，为首座；西北位置②是下首，为第二座；东南位置③为第三座；西南位置④为第四座。小面面朝南的位置中，东边位置⑤为第五座，西边位置⑥为第六座；面朝北的位置中，东边位置⑦为第七座，西边位置⑧为第八座。农村也按这个规矩，但是只要老人家或贵客先坐定了，其他人也就不必再拘礼了。

娶媳或嫁女，儿媳、女婿第一次过门时，儿媳（女婿）坐上首席，儿子（女儿）坐次席作陪，儿媳（女婿）的伴娘（伴郎）坐第三席，陪儿子、女儿的人坐第四席，儿媳或女婿的哥哥或弟弟坐第五席，嫂嫂或弟媳坐第六席，儿子或女儿的哥哥或弟弟坐第七席，嫂嫂或弟媳坐第八席。

亲家公、亲家母会亲，第一次到儿媳或女婿家时，亲家公坐首席，亲家母坐第三席，主人坐第二席，夫人坐第四席作陪，亲家公的哥哥或弟弟坐第五席，嫂嫂或弟媳坐第六席，主人的哥哥或弟弟坐第七席，嫂嫂或弟媳坐第八席作陪。

学徒拜师时，师父坐首席，师母坐第三席，父母坐第二、四席，师父的大徒弟或其他徒弟或者师父的好友坐第五、六席，学徒介绍人坐第七席，徒弟坐第八席，并倒茶、倒酒水招待师父一班人。

新建房屋上梁之日，主人宴请瓦木手艺人时，为首的瓦工师父坐首席，木工师傅坐第二席，手艺好的瓦工坐第三席，手艺好的木工坐第四席，其他人随意落座。

举办小孩满月、做寿、乔迁等其他喜宴时，宴请宾客都在客厅方桌上举行。

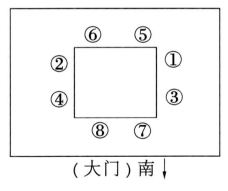

（大门）南↓

现在的宴席很少用方桌。当你碰到方桌时，如果桌上没有席签，那你就记住，面向大门方向的是"左大右小"。若宴席有多桌，则左边的桌子为大。如果实在记不清楚，你就背对大门坐，绝不会失礼。

小八仙桌的桌面边长比大八仙桌的桌面边长短 20 cm 左右。大户人家一般将小八仙桌放在书房里，并在两边各摆两张方凳或靠背椅，用于看书、品茶或下棋。

跋 黄培中

　　传统家具作为工艺美术的重要类别，有着数千年的传承历史。从低矮型坐具到高型坐具，从起先宽大厚重的造型到后来趋于简洁精干、风格挺秀的样式，随着时代的演变，社会经济的发展，人们生活习惯、起居方式的变化，传统家具也一直悄悄地发生着演变，整体体现了中国文化和生活传统，以及地域性的色彩。明代的苏作家具，品类繁多、样式各异，常选用硬木制作，在传承前朝家具文化的基础上，由于文人和工匠的成功结合，逐步形成简洁明快、古朴典雅、制作讲究的艺术特色，与生活环境相得益彰，体现出工匠对美好诗化生活的追求。明式家具因此成为传统家具的经典之作，在民间广为流传，为人们所喜爱和推崇至今。

　　地处江海之滨的南通成陆较晚，但自古以来就是一个物华天宝、人杰地灵的地方。历史上荆楚文化、中原文化和吴越文化的浸润，以及两次与北方草原民族的融合，造就了南通人勤劳、聪慧、豪放的性格和包容汇通、敢为人先的品质。南通在清雍正二年前隶属扬州府，传统手工业异常发达。清戏曲理论家、作家李渔在其《闲情偶寄》中曾有关于家具的论述："以时论之，今胜于古；以地论之，北不如南。维扬之木器，姑苏之竹器，可谓甲于古今，冠乎天下矣。"可见南通应当是当年苏作明式家具的重要产地之一。

　　柞榛木质细密坚韧，木纹清晰雅致，是南通及周边特有的珍稀树种，因此，先人就地取材，用柞榛来制作家具就是很自然的事。通作柞榛家具最早大约出现在明代中期，具有古朴大气、比例匀称、结构合理、线条流畅、榫卯精密、坚实耐用的特征，整体散发出沉静、大度、内敛的不寻常的气息。通作柞榛家具局部拐儿纹的巧用，使整体架构在单纯中见丰富，在统一中见变化，既装饰了空间，也起到了加固的作用，可谓别具一格、风格昭著。通作柞榛家具不髹大漆、素面朝天的做法，使木质纹理表现出温润的质感，仿佛被赋予了生命的律动。

通作柞榛家具并不是孤立存在的，而是整体延续了苏作明式家具的优秀传统，也是当年南通本地生活状态和文化环境的产物，因此具有鲜明的地方区域特色，成为通作家具的代表之作。"柞榛家具出南通。它作为一种历史文化遗存，在中国传统家具中占有重要一席。"著名收藏家马未都先生如是说。

时至今日，南通的传统红木家具、红木雕刻、红木小件等产业兴旺，遍及城乡的民间手工作坊多不胜数。半机械化生产方式提高了生产效率，也提升了整个行业的技艺水准。南通被认定为江苏省红木生产基地，而如皋白蒲、海门麒麟成为远近闻名的红木产品集散地。南通的红木行业真是藏龙卧虎、人才辈出，走出去的能工巧匠也遍及祖国各地。

南通金福木业的王金祥先生，为人谦和，德艺双馨，是江苏省劳动模范和 2019 年"全国五一劳动奖章"获得者。他高中毕业后即随长辈习艺，长期钻研传统红木家具技艺，在通作家具的传承和创新方面经历过艰辛的艺术实践，逐步形成了简洁典雅、朴素大方而又不失现代感的艺术语言，改变了以往行业单纯模仿复制古人和缺乏创新变化的状况，近年来在国内的展览评比中屡获殊荣，并引起了人们的关注。

王金祥先生是传统家具的实践者、收藏者和研究者，多年前即对流散于南通民间的通作柞榛家具悉心收集，费尽心血，可谓一往情深。2014 年 12 月，王金祥先生创办的南通通作家具博物馆开馆。他将收藏的数百件实物展现

跋

在公众面前，为传统家具艺术的传承和地方文化的传播做出了贡献。这种将起先单纯的个人喜好上升到精神层面的文化自觉的行为，为大家所称道。同时"通作家具"的称谓也首次出现在公众面前，并得到普遍的认可。2017年年底中国民间文艺家协会领导来南通考察后，批准王金祥先生在南通通作家具博物馆的基础上，成立中国通作家具研究中心，并提出多项建议和要求。

如今，由王金祥先生所著的南通传统通作家具研究一书《大器"婉"成——一张通作柞榛方桌的解析》作为近年来的研究成果即将出版面世。通作家具品种丰富、形式多样，几乎涵盖了传统明式家具所有的类别。方桌是南通本地寻常人家以往生活起居必备的物件。其体量常有大小之分。大方桌俗称"八仙桌"。一般桌面板少则三拼，多则七拼。桌面下有束腰，或开禹门洞，常用拐儿纹牙板或罗锅枨连接。腿足多用回纹。大方桌常被安置在堂前或灶间。小方桌即"四仙桌"。桌面下一般无束腰，采用直腿直枨或用罗锅枨连接，局部用拐儿纹或卡子花做点缀，亦有桌面下设小抽屉、下置踏脚等。小方桌常被陈设在房中。制作精良的柞榛方桌在生活里司空见惯。粗看，只觉得其是一件寻常的器物；用心回看，则感觉其形制规整、气质非凡；走近俯身细看、反复品味，则感叹匠心独运的艺术处理手法和丰富的形式内涵——传统家具方面的学问可谓博大精深，十分了得。王金祥先生首选柞榛方桌解析非常接地气，且具有典型的示范意义。

《大器"婉"成——一张通作柞榛方桌的解析》一书有别于以往专家、学者着眼于传统家具的历史研究、注重理论指导实践的皇皇巨著，也有别于介绍传统家具的资料性的图册。它是当代手工艺人自己动手所写的著作，是传统与现代、过去与现在、前辈与后辈之间穿越时空的一次对话和交流，因此十分难得。本书图文并茂，仅以通作柞榫方桌为例，运用了拆解、摄影、丈量、测绘、分析、点评等方法，集知识性、观赏性、可读性于一体，直接拉近了现代人与传统工艺的距离，较深入地介绍了传统的木作技艺以及先人造物的理念与智慧，展现了传统家具深厚的历史文化和高超的技艺水准，也浓缩了作者在多年生产实践过程中的体会和经验之谈等。通作家具与苏作家具虽然在整体上趋同，但在相关的内在结构和细节处理上，仍存在着粗细文野的差别和地方区域性的差异。这些异同共同形成了多姿多彩的传统家具工艺文化。

《大器"婉"成——一张通作柞榫方桌的解析》一书在传统家具工艺领域记录并解析了历史，也启迪了后人。在科技高速发展的信息化时代，在经济基础、社会环境和生活方式发生巨大变化，人们普遍追求时尚的今天，我们仍然对优秀传统文化和传世的精品表示尊崇，也向历史上那些无名的匠师们表达敬意。正是他们创造了历史，给后人留下可参照的、丰厚的精神和物质文化遗产。同时，我们也欣喜地看到，随着中华优秀传统文化的振兴，在传统家具行业中，从过去的"木秀才"到现代的"文化木匠"，新一代的工艺美术家正在成长。他们以德为本，注重修养。他们精于材料，谙熟传统工艺，也渴望新知识，有着超越前人的视野，且具备创新设计的能力，在传承的基础上，体现出自己的主体意识和很高的艺术取向，创造了契合时代需求的创新之作。他们是新时期行业里的追梦人。古代的"工匠精神"在他们身上得以传承。

祝贺王金祥先生！

己亥年元宵于南通

（作者系中国工艺美术大师）

参考文献：

《风华再现 —— 中国传统柞榫家具》

后记

王金祥

舅舅是一个木匠。他家有一间屋子堆放着无数的木料和各种木工工具。从记事起，我就看到，除了在外帮别人做家具外，舅舅总是在那间屋子里没日没夜地刨啊锯啊。那时候，我不知道什么叫榫卯，什么叫手艺，什么叫工艺，但是，每当一件件精美的家具被舅舅的一双巧手制作出来时，我只觉得好看。我特别喜欢舅舅做的方桌。他告诉我，这叫拐儿纹八仙桌。讲究的人家会把它放在客厅里做摆设。当时我似懂非懂。

1979 年，我高考落榜。父母抱着"荒年饿不死手艺人"的想法，让我跟着舅舅学做木工手艺。舅舅是一个很重规矩的人，整天跟我没有别的话，只是让我一个劲儿地刨板。这是一项十分枯燥而吃力的活儿。一天下来我腰酸背痛。那年我才 16 周岁，个子虽高但是较瘦，而且没有力气。几天后的一个晚上，收工回家的我哭着找妈妈说我不想干了。舅舅知道后，到我家开导我："你不吃得苦中苦，哪会成为'人上人'。而且，你是家中的老大，学成了一门手艺后，三个弟弟也能有口饭吃。"于是，怀揣着让三个弟弟有饭吃和要做个"人上人"的理想，我又重新回到了舅舅身边，从此跟着他认真学手艺、学做人、学待人、学担当。

其实，手艺确实是一门学问。把一堆木头做成一件件精美的家具涉及好多学科的知识。做一件家具首先要设计、画图，然后要放大样，还要研究工艺，从美学的角度构建器型，从力学的角度设计榫卯结构，从几何学的角度考虑尺寸比例和零部件的组合，直至完成。因此，把一个好的木工师傅比作"木秀才"一点也不夸张。

1983 年，我和同事卫进华完成了一张拐儿纹八仙桌。在那个时期，进口红木原材料还没有进入南通市场。我们用的是刺槐，而且没有任何机械，不用任何胶水，采取的是纯手工制作方式。这在当时引起了不小的轰动。

自古以来，南通本地家具比较难做的有两种。第一种是拔步床，因为工艺复杂，需要花费无数人工。第二种就是拐儿纹八仙桌。由于榫卯结构繁复，工艺面广，零部件多，几何尺寸无法统一，加上拐儿纹纹饰的设计，因此制作拐儿纹八仙桌需要多年的经验积累。

学手艺其实就是学传统。传统硬木家具全靠榫卯结构来完成每个节点的连接。榫卯的种类和制作方法得以传承靠的是前辈师傅一代又一代的口口相传。从古建筑到家具，榫卯结构大致可分为三种类型：第一类是面与面的接合，有槽榫、企口榫、燕尾榫和穿带榫等。第二类是横竖料的丁字结合与交叉结合，有单榫、双榫、半榫、大进小出榫、扣角榫、子母榫、虎牙榫等。第三类是三个点的接合，有棕角榫、抱肩榫、T型扣角榫等。

决定家具寿命的要素有两个：第一个是木材的品种和含水率。品种越差、含水率越高的木材寿命越短，反之寿命则越长。第二个就是榫卯结构。榫卯结构如果能够做到严丝合缝、结合紧密，那么，这件家具可以使用很长时间。从我20多年家具收藏的经验来看，榫卯结构设计合理、制作精良、保管方式得当的家具，即使经过两三百年的岁月流逝，亦能照常使用。由此可见榫卯在家具制作中的重要性。

多年以前，在为别人做家具的过程中，我被一些做工好、工艺美的传世家具深深吸引。二十世纪八九十年代，南通优良的明清家具被一车一车地卖到外地，这让我特别心疼。那时候，我根本拿不出钱来收藏家具，所以只能望洋兴叹。后来，通过自己的努力，我逐渐有了一些积累，于是才开始收藏最具地方特色的优良家具。到现在我已收藏了400多件。我是木匠出身，因此，我并不以是否能够升值为收藏标准，而是只对做工精良、工艺复杂、榫卯坚固的明清家具情有独钟。现在，我的家具博物馆里陈列的都是工艺较好的家具，尤其是通作拐儿纹八仙桌，堪称经典之作。这为我后来的研究提供了很好的实物素材。

与通作家具博物馆同时成立的中国通作家具研究中心（原南通通作家具研究院），秉承传承优秀传统文化的宗旨，曾以通作家具的核心价值、文化特色、文化品位、工艺特点等为题组织过多次研讨，对通作家具的设计特点、文化意义及审美价值进行过深入挖掘和认真梳理。

柞榛家具出南通。几百年来，柞榛家具像一位隐士，或隐于山林，或隐于市井，"养在深闺人未识"。它作为一种历史文化遗存，在中国传统家具中占有重要一席。对它进行研究发掘，研究其所用的本土木材，探讨其风格和样式的异同，当有助于我们认识当时的文化、社会民生以及经济的发展。

我喜欢看书，出差在外时总要抽时间去书店转转。只要看到有关古典家具的书就会买回来仔细阅读。我发现这类书都很精美，但都只有家具名称和外形照片。至于内部结构究竟是什么样子竟无一涉及。我觉得，唯有从设计、思路、工艺等各个方面进行系统研究，才有可能将非物质文化遗产尽可能原汁原味地保存下来。于是我萌生了一个想法，要把通作家具的结构做一个详细的解析。去年，我在馆里选中了一张清中期的拐儿纹八仙桌。经过细心拆解，我不禁惊呼："精美绝伦，巧夺天工。如此巧妙的构思、精湛的工艺实在难得！"

在成书过程中，有同行劝我："你这本书一出，有家具基础的木工不费吹灰之力就可以仿制。你岂不是教会了徒弟打师傅？"我不假思索地回答："这正是我所希望的。自己有饭吃、有钱挣，还能够把传统手艺传承下去，岂不是一件好事！"最终，经过绘图、拍照、撰文，我完成了这本《大器"婉"成——一张通作柞榛方桌的解析》的创作。

在本书收录的通作柞榛方桌榫卯中，有些是传统明清家具常用的；有些是以往著作中没有记录的，且在传统明清家具中很少见到，而在南通传统家具中却经常被使用，因此，我对这些榫卯进行了命名，如扣夹榫、双出头夹子榫、子母榫、虎牙榫、龙凤榫和锁角榫。这张方桌所展示的线条有大边冰盘沿线、大边侧面篾板圆线、大边上口圆线、束腰洼线、文武子线、腿足与牙板交圈阳线，以及腿足两面的写意指圆线等，精美绝伦、魅力无限。这件器物中共出现直角 326 个，其中，立面出现 45°割角计 12 组（套），非 45°割角计 48 组（套）；出现的拐儿纹及纹饰共计 20 组（见附录），其中每面有草龙拐儿 1 组，靠腿拐儿 2 组，拐儿档 2 组。

对以上工艺和数据的总结、整理，我前后花了半年多时间，并按 1:1 比例画到宣纸上，再用浅墨作色，以便更好地保存。这本文献价值和实用价值兼具的书，既是前辈师傅们精湛技艺的再现，又能为后人提供宝贵的借鉴，因此，我相信，这项解析工作是有意义的，也是一个通作家具制作技艺非遗传承人义不容辞的责任。

如今，本书即将出版。我由衷地感谢中国民间文艺家协会、江苏省民间文艺家协会，以及中共南通市委宣传部、南通市文联诸位领导对非遗传承工作的重视和对民间传统工艺的扶持；诚挚地感谢中国工艺美术协会副会长、江苏省工艺美术协会顾问马达，文化和旅游部非物质文化遗产研究专家、民俗学家、南京大学历史学系教授徐艺乙，中国民间艺术家协会副主席、中国工艺美术大师吴元新，苏州大学教授、博士生导师廖军，江苏省民间艺术家协会主席陈国欢、副主席张丹，南通大学艺术学院教授康卫东，南通工程职业技术学院教授李波的全力支持；深切地感谢中国通作家具研究中心研究员黄培中、焦宝林、李玉坤、王宇明、赵彤、王曦、凌振荣、高培新、黄雪飞、罗锦松、马夏、卜元、姜平等老师的倾心相助；衷心地感谢我的爱人陈云及全家的理解、鼓励和不懈的支持。

中国通作家具研究中心　王金祥
己亥年正月十六日于南通通作家具博物馆